工业信息化技术丛书

# 分布式科技资源巨系统及资源协同理论

廖伟智　阴艳超◎著

电子工业出版社
Publishing House of Electronics Industry
北京·BEIJING

## 内 容 简 介

新一代信息技术与制造业深度融合，呈现集成化、智能化、协同化与服务融合等特征。科技资源作为向社会提供智力服务的科技服务业的知识性载体，是推动科技进步与经济社会发展的科技基础条件。科技资源分布分散孤立、多样复杂，"资源集成与协同难"是制约其发展与服务的难点问题。为支持科技资源在服务实体产业过程中的按需搜索、分析、匹配、评价和优化等核心科技服务，围绕城市群综合科技服务的需求，以专业与业务科技资源分布式聚集为核心，本书重点研究分布式科技资源汇聚、组织、融合、协同服务的理论与资源巨系统的构建及部署，为城市群用户提供一种科技资源分布式聚集与协同服务的新模式，重点论述分布式科技资源巨系统及其协同服务的思路、方法和技术。

未经许可，不得以任何方式复制或抄袭本书之部分或全部内容。
版权所有，侵权必究。

**图书在版编目（CIP）数据**

分布式科技资源巨系统及资源协同理论 / 廖伟智等著. —北京：电子工业出版社，2022.2
（工业信息化技术丛书）
ISBN 978-7-121-42875-3

Ⅰ. ①分… Ⅱ. ①廖… Ⅲ. ①科学技术—资源共享—研究—中国 Ⅳ. ①G322

中国版本图书馆 CIP 数据核字（2022）第 021693 号

责任编辑：刘志红（lzhmails@phei.com.cn）　　特约编辑：张思博
印　　刷：天津千鹤文化传播有限公司
装　　订：天津千鹤文化传播有限公司
出版发行：电子工业出版社
　　　　　北京市海淀区万寿路 173 信箱　邮编：100036
开　　本：720×1 000　1/16　印张：12　字数：193.54 千字
版　　次：2022 年 2 月第 1 版
印　　次：2022 年 2 月第 1 次印刷
定　　价：118.00 元

凡所购买电子工业出版社图书有缺损问题，请向购买书店调换。若书店售缺，请与本社发行部联系，联系及邮购电话：（010）88254888，88258888。
质量投诉请发邮件至 zlts@phei.com.cn，盗版侵权举报请发邮件至 dbqq@phei.com.cn。
本书咨询联系方式：（010）88254799，lzhmails@phei.com.cn。

# 前言

新一代信息技术与制造业深度融合，呈现集成化、智能化、协同化与服务融合等特征。科技资源作为向社会提供智力服务的科技服务业的知识性载体，是推动科技进步与经济社会发展的科技基础条件。但科技资源分布分散孤立、多样复杂，导致资源集成度和有效利用率低，难以切实发挥对科技与实体经济的支撑作用，"集资源难、融产业难、创模式难"是制约发展的三大难点问题。其中，科技资源在服务实体产业过程中的按需搜索、分析、匹配、评价和优化是关键核心问题，而分布式科技资源的聚集与协同则是重要的支撑基础。

围绕城市群综合科技服务的需求，以专业与业务科技资源分布式聚集为核心，本书重点研究分布式科技资源汇聚、组织、融合、协同服务的理论与资源巨系统的构建及部署，为城市群用户提供一种科技资源分布式聚集与协同服务的新模式。在长期进行相关研究的基础上，我们结合国家重点研发计划课题"分布式资源巨系统及资源协同理论"（2017YFB1400301）和国家自然科学基金项目"复杂时空域下车间大数据多尺度融合与制造过程精准决策的双向驱动理论研究"（52065033）取得的成果，力图对分布式科技资源巨系统及资源协同服务的思路、方法和实现技术进行较为全面的论述。

本书共 7 章。第 1、2 章主要介绍科技资源服务内涵，分析了科技资源体系现状与挑战，以及科技资源服务存在的问题，提出了构建分布式科技资源池的迫切需求，分析了分布式科技资源汇聚与资源体系构建的难点。第 3 章主要介绍分布式科技资源体系与资源系统典型特征、构成与技术体系。第 4 章主要介绍面向资源系统的分布式科技资源协同理论。第 5 章主要介绍分布式科技资源体系构建实现。第 6 章主要介绍分布式科技资源巨系统部署实现。第 7 章主要介绍分布式科技资源巨系统构件开发。

本书由廖伟智和阴艳超担任总体策划，从最初构思到定稿，经历 1 年多的时间，期间多次对提纲和内容进行调整。各章的主要编写人员：第 1、2 章由廖伟智编写；第 3 章由阴艳超编写；第 4 章由廖伟智、阴艳超、张立童编写；第 5 章由陈于思、阴艳超编写；第 6、7 章由廖伟智编写。邹宁、柳帆、郭思杰、赖祥宇、王波、谢宏、鲁众心也参与了参考文献等内容的编辑和整理工作。

本书的出版得到了国家重点研发计划课题"分布式资源巨系统及资源协同理论"（2017YFB1400301）和国家自然科学基金项目"复杂时空域下车间大数据多尺度融合与制造过程精准决策的双向驱动理论研究"（52065033）的资助，同时也得到了电子科技大学机械与电气工程学院、昆明理工大学机电工程学院领导和老师们的大力支持。电子工业出版社的刘志红编辑为本书的出版做了大量工作。在此向各位致以诚挚的谢意。

本书还凝聚了我的同事、朋友和研究生的心血，在本书的撰写过程中参阅并引用了不少文献和部分国内外在该领域近年来的研究成果，我们在此一并致谢。

最后还应说明的是，虽然我们尽了最大的努力，但限于水平，加之分布式科技资源服务的相关理论及关键技术尚处于不断完善、探索和发展之中，书中的观点不一定成熟，不足和错误之处在所难免，敬请读者批评、指正和帮助。

# 目录

## 第1章 分布式科技资源

1.1 科技资源的界定 / 1
    1.1.1 科技服务的内涵 / 1
    1.1.2 科技服务需求分析 / 2
    1.1.3 科技资源的界定 / 3
1.2 科技资源体系的现状 / 6
    1.2.1 科技资源体系的构成 / 6
    1.2.2 科技资源体系的运行核心 / 9
    1.2.3 科技资源体系的现状与面临的挑战 / 9
1.3 科技资源服务存在的主要问题 / 11
    1.3.1 科技资源分散孤立 / 11
    1.3.2 科技资源分享缺乏模式 / 11
    1.3.3 与实体经济融合程度低 / 13
参考文献 / 13

## 第 2 章  分布式科技资源汇聚的需求与难点分析

2.1　城市群对科技服务模式的需求 / 16
  2.1.1　科技资源融合的需求 / 16
  2.1.2　城市群协同创新的需求 / 17
  2.1.3　区域科技服务生态系统形成的需求 / 18
2.2　分布式环境下科技资源汇聚的难点分析 / 19
  2.2.1　分布式异构科技资源汇聚难 / 19
  2.2.2　分布式科技资源跨产业链协同难 / 20
  2.2.3　分布式科技资源体系构建难 / 21

参考文献 / 21

## 第 3 章  分布式资源聚集理论与资源空间

3.1　分布式专业科技资源体系 / 26
  3.1.1　分布式专业科技资源的界定 / 26
  3.1.2　分布式专业科技资源组织模型 / 26
  3.1.3　分布式专业科技资源体系内涵 / 27
3.2　分布式业务科技资源体系 / 28
  3.2.1　分布式业务科技资源的界定 / 28
  3.2.2　分布式业务科技资源组织模型 / 29
  3.2.3　基于工业互联网平台的业务科技资源系统 / 30
  3.2.4　分布式业务科技资源体系内涵 / 32
3.3　分布式科技资源汇聚体系 / 33
  3.3.1　分布式科技资源体系整体解决方案 / 33

3.3.2 分布式科技资源系统汇聚模型 / 33

3.3.3 分布式科技资源系统汇聚技术 / 37

3.3.4 分布式科技资源汇聚体系内涵 / 43

参考文献 / 44

## 第4章 分布式资源巨系统及资源协同模型

4.1 分布式科技资源巨系统 / 46

4.1.1 问题的提出——开放的复杂巨系统 / 46

4.1.2 分布式科技资源池架构 / 50

4.1.3 分布式科技资源巨系统内涵 / 54

4.2 分布式科技资源的协同模型 / 56

4.2.1 分布式科技资源的协同模型图 / 56

4.2.2 分布式科技资源的协同行为建模 / 58

4.2.3 分布式科技资源的协同存储与部署 / 64

参考文献 / 81

## 第5章 分布式科技资源体系构建实现

5.1 科技资源来源分析 / 84

5.2 城市群产业集群价值链活动与科技资源需求分析 / 86

5.2.1 产业集群价值链协同活动分析 / 86

5.2.2 业务科技资源需求分析 / 88

5.3 基于第三方产业价值链协同平台的科技资源系统构建 / 89

5.3.1 科技资源标准建立 / 89

5.3.2 基于第三方产业价值链协同平台的科技资源系统设计与构建 / 92

5.3.3　基于第三方产业价值链协同平台的科技资源开发与运行 / 95

参考文献 / 100

## 第6章　分布式科技资源巨系统部署实现

6.1　跨区域的科技资源体系的部署 / 102
6.2　分布式科技资源库的形成 / 105
6.3　专业科技资源多源融合服务实现 / 113
6.4　业务科技资源服务实现 / 119
　　6.4.1　产品故障服务分析系统 / 121
　　6.4.2　服务业务成本分析 / 122
　　6.4.3　代理商库存数据分析 / 122
　　6.4.4　维修业务知识服务系统 / 123
　　6.4.5　维修服务分析 / 123
6.5　两类资源融合服务实现 / 125
　　6.5.1　资源推荐 / 125
　　6.5.2　资源定制化服务——实现资源按需配置 / 125
　　6.5.3　支持创新设计的融合资源优选服务 / 126
　　6.5.4　支持供需协同的跨链资源筛选服务 / 126
　　6.5.5　支持检验检测的多核资源置顶服务 / 128

## 第7章　分布式科技资源巨系统构件开发

7.1　分布式科技资源库 / 130
　　7.1.1　分布式专业科技资源库 / 130
　　7.1.2　分布式业务科技资源库 / 138

7.1.3 城市群库 / 142

7.2 分布式科技资源治理 / 147
    7.2.1 科技资源接入与治理 / 147
    7.2.2 科技资源标记过程监控 / 148
    7.2.3 科技资源标准化过程监控 / 149
    7.2.4 科技资源清洗过程监控 / 151
    7.2.5 科技资源筛选过程监控 / 152
    7.2.6 科技资源集成过程监控 / 152
    7.2.7 科技资源融合过程监控 / 153

7.3 分布式科技资源库管控 / 153
    7.3.1 科技资源信息目录 / 153
    7.3.2 科技资源分享管控 / 155
    7.3.3 科技资源可视化定制 / 158
    7.3.4 服务科技资源传输管控 / 160
    7.3.5 汇聚数据分析 / 160
    7.3.6 治理数据分析 / 163

7.4 跨平台科技资源交互管理 / 165
    7.4.1 分布式调度管理 / 165
    7.4.2 跨平台科技资源交互监控 / 165

7.5 一阶段求解构件资源库 / 167
    7.5.1 一阶段求解构件资源库界面 / 168
    7.5.2 定制化汇聚 / 168
    7.5.3 数据驱动 / 172
    7.5.4 语言推理 / 181

# 分布式科技资源

第 1 章

## 1.1 科技资源的界定

### 1.1.1 科技服务的内涵

**1. "互联网+"和新一代信息技术赋予了科技服务新的内涵**

在发达国家,知识密集型服务业是科技服务业的典型代表。通用电气公司(General Electric Company,GE)通过"智能设备、智能系统、智能决策"与"机器、设施和系统网络"全面融合,基于工业互联网,实现机器、数据和人相连接。例如,GE 正在管理价值 1 万亿美元的资产和由 1000 万多个传感器追踪的 5000 万多条独特数据,仅 GE 运输每年就需要分析由 13 300 台机车产生的 146TB 数据。"业务流程"和"业务数据"资源成为了 GE 实现从"工业运营模式"转向"预测模式"的核心驱动力,是 Predix 云平台及 Predictivity 数据与分析解决方案的基本载体。Salesforce 基于云服务提供客户关系管理(Customer Relationship Management,CRM)在线租赁,成为"业务流程"资源服务的又一典型,并以此占据了全球 8%以上的 SaaS(软件即服务)市场。而根据北美产业分类体系,美国统计局把管理与科技咨询、科技研发服务等归入专业、科学与技术服务，2015 年营业收入达16450 亿美元。MarketLine 认为，2014 年"管理与营销咨询"营业收入达 3399 亿美元。可见，"互联网+"赋予了科技资源与科技服务新的内涵，已成为以科技创新引领世界现代产业发展和转型升级的重要支撑。

2．综合科技服务正在成为打造制造业产业集群领先优势的重要手段

产业集群作为我国一种新的产业组织形式，在我国经济发展中发挥着十分重要的作用，同时，这种新的产业组织形式也对区域经济发展和区域竞争力的提升表现出越来越强的推动作用[5]。科技服务具有显著的知识密集性特征，通过运用当代科技知识、技术及分析研究方法，向社会提供智力服务，以帮助用户获得更多收益。科技服务具有显著的正外部性，有学者认为，每当科技服务创造 1 个单位的收益，其服务对象将会因此而获益 5 个单位以上的收益[6]。因此，科技服务对产业集群的发展具有重要意义。

产业集群的价值链协同活动产生了大量价值链协同业务流程与业务数据，在此基础上，以产业集群实际的知识化服务需求为导向，通过数据智能技术，形成可复制、可重用的业务科技资源，为产业集群提供价值链协同综合科技服务，成为打造产业集群领先优势的重要手段。西南交通大学的孙林夫教授等在《产业集群科技服务方法论及科技服务业创新发展试点技术报告》中[2]，创建形成了基于业务科技资源的科技服务资源新体系，为科技服务业提供了基础性和前沿性支撑。

国务院在 2014 年 10 月发布的《国务院关于加快科技服务业发展的若干意见》（国发〔2014〕49 号）[1]（以下简称《意见》）中指出，综合科技服务"鼓励科技服务机构的跨领域融合、跨区域合作"，并且"鼓励科技服务机构面向产业集群和区域发展需求，开展专业化的综合科技服务"。从《意见》中可以看出，运用数据智能技术为产业集群提供价值链协同业务科技资源服务属于综合科技服务的范畴。

### ▶ 1.1.2 科技服务需求分析

目前，学界对科技资源和科技服务的研究主要集中在专业科技资源服务上。

而产业集群在价值链协同过程中,产生了大量价值链协同业务流程和业务数据,通过对产业价值链各个协同环节产生的业务数据进行采集、分析和挖掘,将这些信息抽象化建模后转化为知识,形成业务科技资源,为企业提供资源服务,以便价值链中的各类知识能够被更加高效且自发地产生、利用和传承[7]。因此,需要对专业科技资源与业务科技资源进行汇聚分析建模,以指导、约束业务科技资源的构建。

(1)面向实体经济产业集群的发展需求,提供系统性的综合科技服务。产业集群整体竞争力的提升有赖于集群中各个个体竞争力的提升。产业集群中的企业数量庞大、类型多样,处于不同价值节点的企业在发展过程中面临着不同的问题,存在着不同的知识诉求,需要从外部获取不同的资源。因此,需要提取处于不同价值链环节企业群的共性需求,并且从全局视角对业务科技资源做出整体规划,向产业集群全价值链提供系统性的综合科技服务。

(2)业务科技资源体系构建的关键技术亟须研究。业务科技资源体系涉及产业集群不同价值链节点的知识化服务需求。在业务科技资源构建过程中,首先,面临业务流程、业务数据持续更新的问题,如何动态选择最优的算法模型,是业务科技资源运行过程中的一项关键技术;其次,业务科技资源通过对数据和流程的知识化,形成可复制、可重用的资源,其蕴含的知识常常以隐性知识的形式存在,如何理解业务科技资源蕴含的知识,以及算法模型是如何做出特定预测的,也是构建业务科技资源需要考虑的一项关键技术;再次,考虑到分布式环境下的资源访问成本、资源同步成本及资源存储成本,如何根据用户的访问行为部署资源同样是业务科技资源体系构建的一项关键技术[8]。

### 1.1.3 科技资源的界定

本书所研究的分布式科技资源主要包括专业科技资源与业务科技资源。其中,专业科技资源主要源于万方科服聚平台的文献类资源。专业科技资源类型主要是文献类资源,即期刊论文库、学位论文库、会议论文库、起草标准库、申请专利库、法律法规库、科技成果库、图书库、企业产品库等。在此基础上，还包括专业科技资源的元数据标准。业务科技资源作为向城市群企业集群提供智力服务的科技服务业的知识性载体，是科技资源的重要组成部分，主要由价值链协同业务数据和业务流程构建。在"互联网+""智能+"的环境中，业务科技资源的内涵和外延正在不断发展中。

1. 专业科技资源的界定

专业科技资源作为向社会提供智力服务的科技服务业的知识性载体，是推动科技进步与经济社会发展的科技基础条件。本章所涉及的专业科技资源主要以万方科服聚平台、东方灵盾和宁波市科技信息研究院公共服务平台的科技信息资源为研究对象，包括科技图书、科技期刊、科技报告、科技成果、会议文献、专利文献、标准文献、学位论文、法律法规及技术档案等在基础科学研究与技术开发、应用过程中产生的各种信息资源[3]。

（1）科技图书是科研成果、生产技术和经验的描述或总结，科技图书所记载的科技知识具有总结性，比较系统、全面。

（2）科技期刊是一种载有编号或年月顺序号，计划无限期连续出版发行的印刷型或非印刷型的反映学术成就、技术成果的出版物。它具有出版周期短、内容新颖、出版连续性等特点。

（3）科技报告是指对某一科研项目的调查、实验、研究所提出的正式报告或进展情况的文献。其内容专深新颖、论述详尽、数据完整。

（4）科技成果源于中国科技成果数据库，是国家和地方主要科技计划、科技奖励成果，以及企业、高等院校和科研院所等单位的科技成果信息。

（5）会议文献是指将在会议上宣读或讨论的论文及其他资料汇编出版发行的文献。它具有传递信息及时、针对性强的特点。其作用在于反映科学技术的最新成果、发展趋势、研究水平与动向[9]。

（6）专利文献是指专利局公布或归档的与专利有关的所有文献。包括专利说明书、专利公报、专利检索工具以及与之有关的法律文件等。专利文献除了具有技术性的特点外,还具有法律性的特点。

(7)标准文献是经过公认权威当局批准的标准化工作成果,可以采用文件形式或规定基本单位(物理常数)这两种形式固定下来。它包括国际标准、国家标准、行业标准及与标准化工作有关的一切文献。标准文献所提供的技术质量标准不是一成不变的,它与现代科学技术的发展紧密联系,并随着技术的发展而发展。

(8)学位论文是高等学校学生为获得某种学位而撰写的科学论文。它一般包括学士论文、硕士论文和博士论文。

(9)法律法规涵盖了国家法律、行政法规、部门规章、司法解释及其他规范性文件。

(10)技术档案是在生产建设中和科技部门的技术活动中形成的、有一定具体工程对象的技术文件的总称。它包括技术文件、协议书、设计图纸、研究计划等。

### 2. 业务科技资源的界定

业务科技资源是科技资源的重要组成部分。业务科技资源是多核网状式企业集群作为城市群产业生态链结构的主要组成,而支撑多核网状式企业集群的是多核价值链协作关系。因此,价值链协同业务数据和业务流程自然成为了业务科技资源的主要载体[10]。本章的业务科技资源主要基于价值链协同业务数据和业务流程构建。作为向多核网状式企业集群提供智力服务的科技服务业的知识性载体,在"互联网+""智能+"的环境中,业务科技资源的内涵和外延正在不断发展中,本章对业务科技资源的认识也只是其中的有限部分。

从定性的角度来看,业务科技资源具备以下三个重要特征。

(1)完整地表达一个或多个特定功能,解决特定问题。每个业务科技资源都是可以完整地表达一个或多个特定功能、解决特定具体问题的流程和软件构件。

(2)特定价值活动知识的载体。业务科技资源封装了解决特定问题的流程、逻辑、数据、业务流程、经验、算法等。

(3)标准化封装,可重用,可组合。业务科技资源符合特定的标准规范,不同的业务科技资源可以通过一定的逻辑与交互进行组合,解决更复杂的问题。

从定量的角度来看，业务科技资源以"业务数据"和"业务流程"为基础，将数据抽象模型化、流程构件化，且符合一定的标准体系。

因此，"数据/模型+流程/构件+标准"就组成了业务科技资源的知识单元。其中：

"数据"是多核价值链协同过程中产生的业务数据，形成了多核网状式企业集群的多核价值链协同数据空间[10]。

"模型"是面向特定服务的资源建模，即基于可服务/可封装的数据空间的资源模型[11]。

"流程"是面向特定服务的知识化服务流程。

"构件"是基于资源模型和业务流程的程序模块。

"标准"是基于业务数据的资源模型、业务流程及服务标准。业务科技资源具备可封装、可重用的特点，资源标准便是业务科技资源的重要内容[12]。

按照软件复用的粒度和抽象层次的分类，对业务资源软件服务化的粒度、服务化的业务逻辑的颗粒、目的等方面进行归类，分为细粒度封装、中粒度封装和粗粒度封装三类，其中，粗粒度封装是将独立开发的应用程序或子系统的功能服务化。粗粒度封装的业务科技资源即业务科技资源 App，目的在于快速地将软件资源提供给用户，为用户提供更加友好、方便的使用方式。业务科技资源 App 是业务科技资源的一种重要表现形式[13]。

## 1.2 科技资源体系的现状

### 1.2.1 科技资源体系的构成

专业科技资源和业务科技资源是科技资源体系中最基本的组成单元，也是科技资源体系构建的基础。从实践的角度看，需要将科技资源部署到不同的节点。

整个科技资源体系包括价值链协同平台资源空间、区域资源库、核心企业数据库、核心资源库、主题资源库[14]。

1. 价值链协同平台资源空间

第三方产业价值链协同平台在长期运行过程中，积累了大量价值链协同的"业务流程"和"业务数据"，在此基础上，开发业务科技资源，构建资源空间。图 1-1 所示为价值链协同平台资源空间架构。

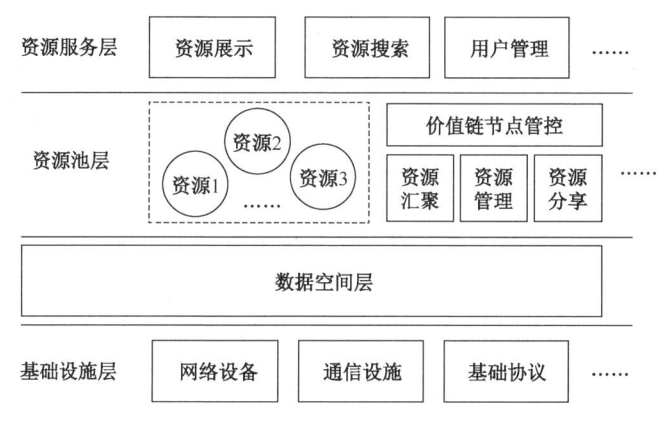

图 1-1 价值链协同平台资源空间架构

价值链协同平台资源空间架构共包括基础设施层、数据空间层、资源池层和资源服务层四层。

（1）基础设施层，包括网络基础设施和 IT 基础架构。

（2）数据空间层，包含供应、营销、服务等领域的数据。

（3）资源池层，包含大量业务科技资源，为产业集群不同价值链节点上的企业业务提供科技资源。企业对业务科技资源的访问应受相应的价值链管控规则的约束。

（4）资源服务层，为产业集群用户提供资源服务，包括资源展示、资源搜索、用户管理等。

2. 区域资源库

区域资源库的作用是面向区域的企业发展共性需求，为产业集群发展提供专业科技资源和业务科技资源的"一站式"服务。

与价值链协同平台资源空间架构类似，区域资源库架构包括基础设施层、数据层、资源池层和资源服务层四层。

（1）基础设施层，包括网络基础设施和IT基础架构。

（2）数据层，由区域综合科技服务平台汇聚的数据组成。

（3）资源池层，包含业务科技资源和专业科技资源。业务科技资源来源于价值链协同平台资源空间，由于每个区域都有自己的产业基础和发展规划，因此对业务科技资源的需求存在差异。根据用户访问需求，区域资源池持有价值链协同平台资源空间中的一部分资源，并与其保持数据同步[16]。产业集群企业用户对资源的访问应受相应的价值链管控规则的约束。

（4）资源服务层，为产业集群用户提供资源服务，包括资源展示、资源搜索、用户管理等。

### 3. 核心企业数据库节点

核心企业数据库与价值链协同平台资源空间和区域资源库共同组成价值链协同业务科技资源体系[17]。当核心企业求解单链业务问题时，使用本地的数据完成分析即可。当核心企业求解跨链业务问题时，需要跨链数据，向所属区域的科技资源服务平台请求资源，并根据需要，结合本地数据，求解跨链业务问题[18]。核心企业数据库架构与企业自身的规划有关。

### 4. 核心资源库

基于专业科技资源平台资源节点，针对城市群企业集群的需求建立核心资源库，主要包括专利资源、专家资源、企业资源、销售资源、服务资源、运维资源。

### 5. 主题资源库

主题资源库的作用是面向区域的企业发展定制需求，为产业集群发展提供专业科技资源和业务科技资源的"一站式"服务，包括专利检索推送资源、知识文献资源、知识热点资源、用户标签资源、销售金额资源、故障率资源、资源分布情况统计等。

## 1.2.2 科技资源体系的运行核心

（1）科技资源体系运行问题研究：在业务科技资源构建过程中，面临业务流程、业务数据持续更新的问题，如何动态选择最优的算法模型，是业务科技资源运行过程中的一项关键技术。在算法模型的选择上，常规评价指标是预测精度，在追求高精度的过程中，算法模型变得越来越复杂，与此同时，模型的预测变得难以理解。希望寻找一种方法，通过尽可能少的实验次数，为用户提供算法模型的最优超参数设置。同时，使得到的模型更易于理解，并且不影响模型的预测性能[19]。

（2）业务科技资源决策理解问题研究：业务科技资源通过对数据和流程的知识化，形成可复制、可重用的资源，其蕴含的知识常常以隐性知识的形式存在，如何理解业务科技资源蕴含的知识，以及算法模型是如何做出特定预测的，也是构建业务科技资源需要考虑的一项关键技术[20]。

（3）业务科技资源体系分布式构建问题研究：考虑到分布式环境下的资源访问成本、资源同步成本及资源存储成本，如何根据用户的访问行为部署资源是业务科技资源体系构建的一项关键技术[21]。

## 1.2.3 科技资源体系的现状与面临的挑战

《意见》明确提出了重点发展研究开发、技术转移、检验检测认证、创业孵化、知识产权、科技咨询、科技金融、科学技术普及等专业科技服务和综合科技服务[1]。《意见》的颁布使我国成为了世界上第一个对科技服务业进行系统研究的国家。科技资源作为向社会提供智力服务的科技服务业的知识性载体，是推动科技进步与经济社会发展的科技基础条件，在新技术和新业态下，其外延不断延伸。

（1）"互联网+"赋予科技资源与科技服务新的内涵，已成为以科技创新引领世界现代产业发展和转型升级的重要支撑。

在发达国家，知识密集型服务业是科技服务业的典型代表。通用电气公司（GE）通过"智能设备、智能系统、智能决策"与"机器、设施和系统网络"全面融合，基于工业互联网，实现机器、数据和人相连接。例如，GE 正在管理价值 1 万亿美元的资产和由 1000 万多个传感器追踪的 5000 万多条独特数据，仅 GE 运输每年就需要分析由 13 300 台机车产生的 146TB 数据。"业务流程"和"业务数据"资源成为了 GE 实现从"工业运营模式"转向"预测模式"的核心驱动力，是 Predix 云平台及 Predictivity 数据与分析解决方案的基本载体。Salesforce 基于云服务提供客户关系管理（CRM）在线租赁，成为"业务流程"资源服务的又一典型，以此占据了全球 8%以上的 SaaS 市场。而根据北美产业分类体系，美国统计局把管理与科技咨询、科技研发服务等归入专业、科学与技术服务，2015 年营业收入达 16450 亿美元。MarketLine 认为，2014 年"管理与营销咨询"营业收入达 3399 亿美元。可见，"互联网+"赋予了科技资源与科技服务新的内涵，已成为以科技创新引领世界现代产业发展和转型升级的重要支撑。

（2）我国科技资源分散孤立，资源分享缺乏模式，实体经济服务能力薄弱，对分布式资源巨系统构建及资源分享提出了迫切需求。

我国高度重视科技服务业。《意见》颁布后，使我国成为了世界上第一个提出"科技服务业"概念、第一个对科技服务业进行系统研究的国家。至今，我们已制定了《科技服务业分类》（GB／T 32152—2015）、《科技服务产品数据描述规范》（GB／T 31779—2015）及科技平台与资源等标准规范；开发出科技云聚合服务系统、基于 ASP／SaaS 的制造业产业价值链协同平台、科技资源综合服务平台等一批服务平台和系统，并已取得一定成绩。

但是，科技资源及资源分布复杂多样，科技服务系统众多，科技服务系统与实体经济产业之间、科技服务系统内部之间的组成与关系都很复杂，需要在分布于全国各地各行业的巨大科技资源中进行搜索、分析、匹配、评价和优化科技资源，形成科学合理的解决方案。构建典型的分布式资源巨系统，成为了本项目需要迫切解决的重点任务。

## 1.3 科技资源服务存在的主要问题

### 1.3.1 科技资源分散孤立

（1）科技资源分散孤立。我国科技资源分布于全国各地、各行业、各单位甚至个人；在《意见》指引下，我国科技服务业分类的大类标准刚刚建立，推进科技资源共享和分布式构建缺乏理论技术体系、标准体系、组织体系和协同共享机制的支撑。

（2）科技服务任务交互执行。科技资源服务是一种面向需求的科技资源分布式汇聚和按需分享的服务模式，在服务业与实体产业深度融合的背景下，与实体产业科技服务任务进行调度和匹配的不再是传统的科技资源，而是科技服务[22]。由于科技服务系统与实体经济产业之间、科技服务系统内部之间的组成与关系都很复杂，且科技服务过程中涉及大规模资源数交叉、融合、跨语言关联和关系的动态演化，因此，服务需求驱动下的科技服务活动形成了多任务交互执行的协作网，科技服务具有较强的柔性。

（3）服务响应的不确定性。在分布式科技服务环境下，科技资源通过分布式汇聚、虚拟化封装和服务化共享后形成科技服务，并且在云端的服务云池中被统一管控和运行。而科技服务所映射的科技资源分布在各地、各行业、各单位资源系统中。因此，科技服务系统需要对影响服务响应的并发访问任务进行合理安排和有效管控，在充分利用计算资源的同时保障系统的响应能力，按需给用户提供适时的输出。

### 1.3.2 科技资源分享缺乏模式

（1）资源分享缺乏模式。"互联网+"环境下科技资源服务与分享模式创新不足。2014 年，科技部高技术中心发布《现代服务业领域项目（课题）执行情况评估试点工作报告》，37 个课题中，轻模式成为普遍问题。网络空间论、生态群落论等概念层出不穷，但鲜有落地的发展模式和解决方案[23]。

（2）分布式科技资源分散与集成存在矛盾。科技资源呈现分布化的特点，这有利于其发布、存贮、评价等，如微信、微博、维基、威客、创客等。同时，科技资源需要集成，这有利于资源的应用。为此需要解决科技资源分散与集成的矛盾、科技资源服务自主与协同的矛盾。科技资源分散化容易带来无序化问题，如垃圾资源大量出现、资源价值和关系不清晰、资源重复建设等，导致资源利用效率降低。因此需要推进科技资源的有序化。

（3）分布式科技资源服务需要一个有利于科技资源分享的、透明公正的消费机制和环境，资源分享者与服务需求者之间缺少信任机制。分享者担心知识产权得不到保护，服务需求者担心价格不合理。这就需要对资源消费主体、需求动力、影响因素、相互关系等进行分析研究。

① 基于多主体博弈的消费定价机制：科技资源分享通常是一个有偿服务，资源分享价格过高，就成为资源垄断，不利于创新；资源分享价格过低，就没有人愿意分享。因此，需要研究合理的消费定价机制。影响科技资源价值和价格的因素很多，不同主体对价格的期望不同，对价格的决定权大小也不同，因此需要研究多主体博弈的消费定价机制。

② 科技资源消费质量的协同评价机制：由于参与消费的各个主体利益不一致、信息不对称、知识背景不同等因素，不同主体对科技资源消费质量的评价结果不同。因此，需要研究公平公正的资源消费质量评价机制，使真正提供优质服务的主体得到相应的激励。

③ 科技资源创新成果的保护与分享的协同机制：科技资源创新成果需要保护，以鼓励大家积极创新；科技资源创新成果也需要分享，使科技资源造福于整个社会。

### 1.3.3 与实体经济融合程度低

（1）与实体经济融合程度低。科技服务中"有平台无市场，平台概念泛化"现象突出，科技服务及服务资源与制造业等实体经济融合程度低。Salesforce 在中国也遭遇了尴尬和无奈，其董事长马克·贝尼夫表示，尽管中国的中小企业数量众多，但中国的用户习惯还有待培养，目前仍处于刚起步阶段。

（2）面向实体产业科技服务需求难以形成解决方案。围绕区域综合科技服务需求，如何构建分布式资源巨系统，形成科技资源服务整体解决方案是目前科技服务的难点。因此，需要基于资源巨系统，形成方法论，解决包括复杂资源汇聚、分析、搜索与共享的技术，基于科技资源数据的精准服务技术，并制定相关标准和规范，研发软件构件和工具集，进而为城市群区域综合科技服务平台的研发提供支撑。

# 参考文献

[1] 国务院. 国务院关于加快科技服务业发展的若干意见（国发〔2014〕49号）[EB/OL]. http://www.gov.cn/zhengce/content/2014-10/28/content_9173.htm.

[2] 孙林夫，等. 产业集群科技服务方法论及科技服务业创新发展试点技术报告[M]. 成都：四川省技术市场协会科学技术成果评价报告，2020.

[3] 赵伟，赵奎涛，王运红，等. 科技信息资源共享与服务的价值传递分析[J]. 科技进步与对策，2009，26（15）：8-11.

[4] 张佳琛，荀妍妍. 科技服务系统服务模式介绍——以哈长城市群综合科技服务平台为例[J]. 商业经济，2021（03）：17-18.

[5] 宋建涛. 创新驱动理论下的产业集群发展路径探析[J]. 纳税，2019，13（26）：296-297.

[6] 孙源. 高技术集群企业知识网络中知识转移效果的影响因素研究[D]. 北京：北京交通大学，2014.

[7] 周阳敏，桑乾坤. 国家自创区产业集群协同高质量创新模式与路径研究[J]. 科技进步与对策，2020，37（02）：59-65.

[8] 黄兰秋. 基于云计算的企业竞争情报服务模式研究[D]. 天津：南开大学，2012.

[9] 赵丹阳. 数字环境下科技文献信息开发利用与服务模式研究[D]. 长春：吉林大学，2012.

[10] 吕瑞. 基于云平台的多核服务价值链协同技术研究[D]. 成都：西南交通大学，2019.

[11] 方伯苋. 基于云平台的配件多价值链协同技术研究[D]. 成都：西南交通大学，2019.

[12] 杨中华. 基于核心企业的供应链网络信息共享研究[D]. 武汉：华中科技大学，2013.

[13] 李斌勇. 基于云服务平台的多联盟企业群协同技术研究[D]. 成都：西南交通大学，2015.

[14] 陈静. 面向业务关联的多产业链协作网络和公共服务平台关键技术研究[D]. 成都：西南交通大学，2011.

[15] 李斌勇，孙林夫，王淑营，等. 面向汽车产业链的云服务平台信息支撑体系[J]. 计算机集成制造系统，2015，21（10）：2787-2797.

[16] 都广斌. 基于服务器虚拟化的云计算平台设计[D]. 西安：西安电子科技大学，2010.

[17] 牟绍波. 产业集群持续成长机制研究[D]. 成都：西南交通大学，2007.

[18] 闫思齐. 支持产业链协同的客户关系管理系统研究与实现[D]. 成都：西南交通大学，2017.

[19] 曹奕翎. 支持汽车服务质量评价的细粒度情感分析方法研究[D]. 成都：电子科技大学，2019.

[20] 邬文帅. 基于多目标决策的数据挖掘方法评估与应用[D]. 成都：电子科技大学，2015.

[21] 毛秋红，贺明，罗正君，等. 基于创新驱动的分布式科技资源服务平台构建——以贵州科技资源服务网为例[J]. 科技创业月刊，2020，33（06）：57-60.

[22] 于伟，王忠军. 面向科技信息服务的人工智能技术应用[J]. 中国科技信息，2021（10）：68-70.

[23] 高丽. 企业生态系统的生成机制与管理研究[D]. 合肥：合肥工业大学，2011.

# 第2章 分布式科技资源汇聚的需求与难点分析

## 2.1 城市群对科技服务模式的需求

### 2.1.1 科技资源融合的需求

知识融合最早应用在图书情报领域、计算机科学领域和管理学领域,后来逐渐扩展至相关专业领域[1]。知识融合的对象不仅包括数据和传感器获取的信息,还包括专家经验、业务数据、业务流程及科技文献类资源等科技资源。

城市群企业在产品研发过程中,需要专业人员具备丰富的专业知识和研发经验,需要多学科、跨领域的知识资源[2]。在产品复杂研制生产协作环节,动态知识资源与用户需求复杂多变,如何对海量科技资源数据进行处理和存储,如何统一获取这些分布式多源多领域知识,如何实现跨领域科技资源动态管理与集成及制造全生命周期活动中知识服务按需共享优化配置和调节,是进行科技服务的基础,也是难点。针对目前知识资源呈地域分布广、规模大,质量良莠不齐和载体

## 第 2 章 分布式科技资源汇聚的需求与难点分析

不一的特点,同时普遍存在语义异构性、不确定性和不一致性甚至相互矛盾的相关问题,实体产业迫切需要多源异构知识资源的融合,为产品研发和创新提供支持[3]。因此,需要研究分布式多领域科技资源的表示、获取、匹配、融合等技术,并建立相应的模型和支撑平台。

### ▶ 2.1.2 城市群协同创新的需求

城市群实体产业产品研制过程错综复杂,具有参与单位多且地域分布广、学科专业多且交互频繁、研制任务多且研制周期短等特点。在整个研制过程中,企业之间交互活动的执行是由协作业务驱动的,整个协作过程构成了一个业务驱动的协作网络,同时业务协作以产品的形成和使用过程为主线,贯穿整个制造生命周期,而科技资源的演化和生长发生在制造生命周期的各个阶段,与业务协作过程相互耦合、彼此关联,科技资源需要渗入到制造全生命周期活动中的论证、设计、生产加工、实验、仿真和经营管理等各个环节。然而,企业产品研制过程涉及多个技术领域、部门和协作企业,其产品研发的设计、分析、仿真、测试等阶段需要科技资源的支持,而目前科技资源分散在各个协作企业,资源信息难以共享,交互和集中管控困难[4]。

因此,企业产品研制过程已从零部件级的协作逐渐深入到业务流程级的协作[5],这种面向研制过程的协作,客观上要求协作企业之间实现研制过程各环节的协同及各种科技资源的共享与集成,需要将科技资源与业务流程相融合以形成一种科技服务[6],为城市群实体产业全生命周期的各阶段提供科技资源的按需共享和配送。

1. 城市群企业产品研制需要高效配置科技资源

企业产品研制过程烦琐复杂,传统产品研制模式单一,资源信息孤岛严重阻碍了产品研制不同阶段科技资源的配置和融合,无法打通产品研制过程中科技资源的传输通道,难以实现复杂产品各研制环节的资源的按需搜索和配置。因此,企业产品研制过程的高效开展需要将分散在不同地域、单位、部门的科技资源进行集中管理和调配，实现科技资源的按需推送，提高科技资源的利用率。

2. 城市群企业产品创新能力提升需要资源共享与重用

产品研制过程涉及大量的标准、规范、案例、手册和经验知识。产品创新设计过程是产品研制经验、知识、方法、模型的有效重用过程。但是，企业目前的产品研发仍局限于传统的企业内部数据的分类存储和检索，并未实现科技资源与研制业务过程的交互和集成，导致科技资源的共享和重用率低。因此，如何在产品研制过程中高效重用已有的科技资源进行产品创新设计，是提高企业竞争力的关键。

3. 企业产品研制需要整合内外部科技资源

随着现代高新技术在复杂产品研制和生产过程中的广泛应用，其研制周期逐渐缩短，研制任务日益加重，企业内外部知识资源冲突日趋尖锐，成本控制也愈加精细。因此，复杂产品研制过程更需要高效整合协作企业内外部科技资源的方法和策略，迫切需要建立资源协同共享环境，将分散的科技资源进行整合，实现科技资源的共享和按需推送。

## ▶ 2.1.3 区域科技服务生态系统形成的需求

目前，我国科技服务业仍面临缺少协同互动平台支撑、环境发展不均衡、尚未形成区域一体化的协调发展等问题[7-8]，为建立与实体产业集群相配合的区域一体化科技服务业生态系统，需要通过汇聚科技资源，设计科技资源共享模式和集群服务模式。

科技资源的汇聚与共享是实现城市群区域企业生态链和产业集群的协同和共享的基础[9]。在科技服务业的上游，提供科技资源信息和服务的科技服务企业内部之间通过建立协同共享机制，实现小范围的资源共享，合理利用资源，提高有限资源的最大利用率[10-11]。在科技服务业的下游，为实体产业用户提供科技资源信息服务的评价及推荐,进而减少因信息不对称产生的分布失衡现象。在外部,汇聚科技资源,打造科技资源共享平台作为两者之间的纽带及桥梁。对于上游企业,可以将科技资源信息和技术通过科技信息共享平台实现企业间交流[12]。对于下游用户,可以通过汇聚和提取所需科技资源信息服务,在科技资源服务使用后还可以将反馈评价存储在科技资源共享平台,便于其他实体产业用户借鉴[13]。对于新注册的企业用户,需要先提取信息消费者的需求及相关信息,并存储在平台数据库中,便于分析企业用户需求,为企业用户提供、推荐能够满足实际需求的科技资源和服务。科技服务业的生态系统共享模式通过汇集科技资源,形成科技资源巨系统,建立科技资源共享平台,加快了整个资源生态环境中信息流的循环,提高了科技资源服务的效率和成功率。

## 2.2 分布式环境下科技资源汇聚的难点分析

### 2.2.1 分布式异构科技资源汇聚难

科技资源汇聚是为了将分布式的、异构的、动态的科技资源汇聚到同一资源池,根据用户和业务需求对科技资源进行整合,并且使得实体产业用户能以统一、便利的方式访问这些资源。而实际上企业用户在获取访问这些资源的过程中,除了要从海量异构的多源数据中找到相关的知识资源,还要根据资源的具体情况使用各种不同的软件进行操作。由于操作平台不同、数据库技术差异、数据的物理位置分布不一,加上访问控制策略、通信协议等方面也不尽相同,各种科技资源之间互操作性差,导致科技资源处理的时间周期长,难以共享。

在云模式下,科技资源存储在不同单位异构系统中的知识资源涉及各类跨领域、多学科、多专业知识和业务流程,是进行科技服务的基础,也是难点。

### 2.2.2 分布式科技资源跨产业链协同难

产业链是针对一系列相关联的特定的产品或服务,寻找满足这些产品需求的,从原材料的提供到市场的销售等前后顺序关联的、横向延伸的、有序的经济活动的集合。同样,它也是以企业或事业为单位的集合,是一个纵横交错、主体纵向关联的系统。产业链的本质是用于描述一个具有某种内在联系的企业群结构,它是一个相对宏观的概念,存在两维属性结构属性和价值属性[14]。产业链中大量存在着上下游关系和相互价值的交换,上游环节向下游环节输送产品或服务,下游环节向上游环节反馈信息[15]。

产业链价值系统是由整机制造企业价值链、供应商价值链、渠道价值链、买方价值链共同组成的关联系统。处于产业价值链不同价值环节的企业,拥有不同的基本价值链。整机制造企业的基本活动主要包括市场开发、研发、供应、物流、装配制造、社会库存、销售、物流、维修服务和回收等;供应商的基本活动主要包括销售渠道、研发设计、采购、制造、销售、代管库存和回收等;经销商的基本活动主要包括预测市场、定制产品、协同库存、推广品牌、营销保险和贷款按揭等;服务商的基本活动主要包括维修服务、三包索赔、保险理赔、配件供应、配件物流、跟踪回访和旧件回收等。因此,产业链协同包括供应链协同、营销链协同、服务链协同和配件链协同及龙头企业之间的业务关联而发生跨链协作。

业务科技资源作为知识资源单元,不同的知识资源单元都是面向特定服务需求的,如产品质量分析等。该知识资源单元以数据空间中的一部分数据为基础,面向特定服务需求进行资源建模,相应地形成资源模型标准。梳理该服务需求,形成知识化服务流程,相应地形成业务流程及服务标准。然后基于资源模型和业务流程,研发出程序模块,即服务构件。因此,大量价值链协同的"业务流程"和"业务数据"形成了企业集群的协同业务数据空间。如何对原始数据进行处理、分析和挖掘,提取数据中具有商业情境价值的信息和知识,形成不同的情境化数据能力,并通过建立资源模型和构建知识化服务流程,最终向多企业集群提供知识化"业务流程"是难点。

### 2.2.3 分布式科技资源体系构建难

分布式科技资源体系构建的目的是为城市群企业集群提供科技资源应用。为了提高资源服务的响应速度及用户体验,如何将科技文献类平台与价值链协同平台资源空间打造成数据源头,在京津冀、哈长、长三角和成渝四大城市群部署科技资源软构件和相应的专业服务库从而形成分布式业务科技资源体系(见图2-1)是形成资源体系的难点。

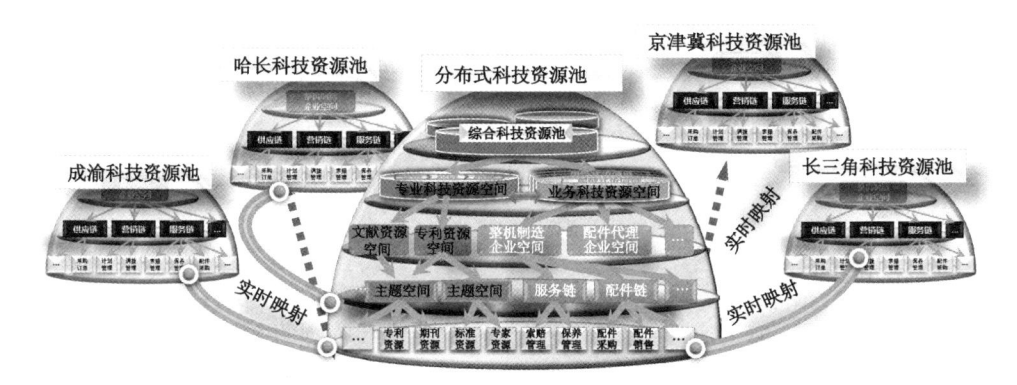

图2-1 分布式业务科技资源体系

# 参考文献

[1] 张心源,邱均平. 国内图书情报领域知识融合研究的发展与分析[J]. 数字图书馆论坛,2016,000(003):17-23.

[2] 丁宝军. 跨职能整合,知识获取与新产品开发效率关系研究[D]. 广州:华南理工大学,2013.

[3] 陈雯岚. 知识资源对企业竞争力的影响[J]. 区域治理,2019,000(042):63-65.

[4] 葛程程. 基于知识服务的企业业务流程构建方法研究. 2016.

[5] 邹思明, 邹增明, 曾德明. 协作研发网络对企业技术标准化能力的影响——竞争-互补关系视角[J]. 科学研究, 2020（1）.

[6] 石罗云. 科技资源协同配置服务系统的设计与实现[J]. 企业科技与发展, 2016, 000（006）: 27-29.

[7] 张劲松, 王悦. 区域一体化科技服务业生态系统发展模式研究[J]. 北方经贸, 2014, 000（010）: 89-90.

[8] 韩晨. 面向区域一体化的科技服务业生态系统发展模式研究[D]. 广州: 华南理工大学, 2012.

[9] 脱连弟. 京津冀一体化背景下科技资源的整合与共享探析[J]. 智库时代, 2019, No.186（18）: 8-11.

[10] 李丽. 协同创新背景下科技资源的整合与共享[J]. 中国高校科技, 2017, 000（001）: 66-68.

[11] 贺娟. 建设科技信息资源共享平台为中小企业创新提供服务[J]. 中小企业管理与科技, 2012.

[12] 基于国家地方联动及区域协同的地方科技资源平台建设和运行模式研究[J]. 黑龙江科技信息, 2017（26）.

[13] 孟双. 新形势下科技资源共享服务评价模式研究[C]//决策论坛——管理决策模式应用与分析学术研讨会. 2016.

[14] 胡志武. 网络组织条件下产业链的特征及运行机理研究[D]. 广州: 广东商学院, 2010.

[15] 吕咸逊. 中国白酒产业链发展趋势[J]. 新食品, 2011, 000（A01）: 62-67.

# 第3章

# 分布式资源聚集理论与资源空间

国家发布的《国务院关于加快科技服务业发展的若干意见》(以下简称《意见》)明确指出，需要重点发展研究开发、技术转移、检验检测认证、创业孵化、知识产权、科技咨询、科技金融、科学技术普及等专业科技服务和综合业务科技服务。而在综合科技服务方面，《意见》鼓励科技服务机构的跨领域融合、跨区域合作。鼓励科技服务机构面向产业集群和区域发展需求，开展专业化的综合科技服务。本章首次提出了面向城市群多核网状式企业集群的价值链协同业务科技资源，创新了科技资源的定义。

"互联网+"和新一代信息技术赋予了科技服务新的内涵。在"互联网+"和大数据、人工智能等新一代信息技术的环境下，科技服务被赋予新的时代内涵与特征，以知识性为核心特征的科技资源在内涵和外延上不断延伸。在发达国家，基于流程与数据的资源服务在企业运营中的作用日益突出。在国内，西南交通大学的孙林夫教授等在《产业集群科技服务方法论及科技服务业创新发展试点技术报告》[1]中，提出了价值链协同业务科技资源。可以看出，业务流程和数据已被视为可复制、可重用的资源，并成为向企业提供知识性服务的主流做法。

可以看出，相较于以论文、专利等传统形式呈现的科技资源，以及主要服务于研发设计环节的科技服务，在新技术和新业态下，科技服务被赋予新的时代内涵与特征，以知识性为核心特征的科技资源在内涵和外延上也不断延伸。

业务科技资源是基于业务流程与业务数据、运用数据智能技术提取知识要素的综合科技资源，可有效提升企业研发设计、生产制造、运维服务和经营管理各环节的效率。

专业科技资源（传统科技资源）：传统科技服务过程中的科技资源主要指专业科技信息资源，包括科技图书、科技期刊、科技报告、科技成果、会议文献、专利文献、标准文献、学位论文、法律法规及技术档案等在基础科学研究与技术开发、应用过程中产生的各种信息资源[2]。如图 3-1 所示，传统专业科技资源存在分散孤立、与实体经济融合程度低的突出问题。

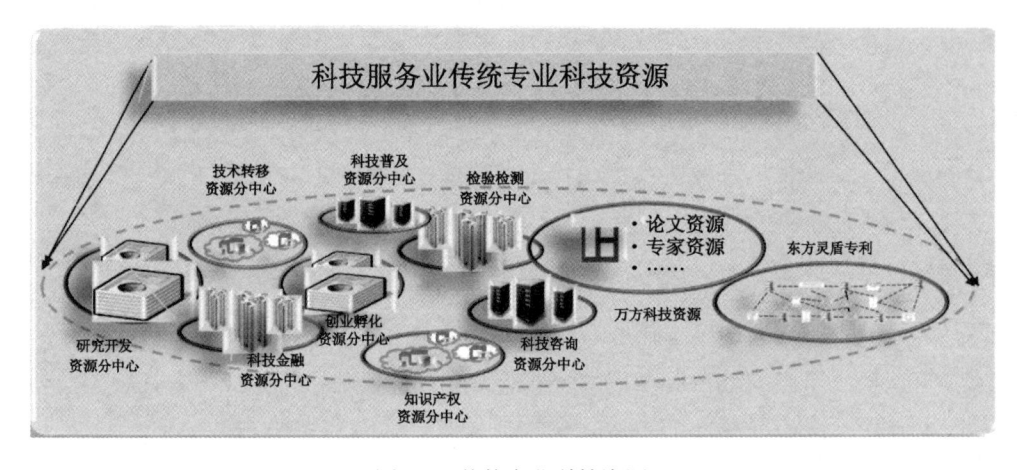

图 3-1 传统专业科技资源

科技资源的新定义：科技资源是由传统专业科技资源和面向城市群多核网状式企业集群的价值链协同业务科技资源组成的。其中，业务科技资源的定义为：在产业生态链结构——多核网状式企业集群中，支撑多核网状式企业集群的多核价值链协作关系，基于价值链协同业务数据和业务流程构建，运用数据智能技术提取知识要素的一类综合科技资源，"数据／模型+流程／构件+标准"组成了业务科技资源的知识单元。其中："数据"是多核价值链协同过程中产生的业务数据，形成了多核网状式企业集群的多核价值链协同数据空间；"模型"是面向特定服务的资源建模，即基于可服务、可封装的数据空间的资源模型；"流程"是面向特定

# 第3章 分布式资源聚集理论与资源空间

服务的知识化服务流程；"构件"是基于资源模型和业务流程的程序模块；"标准"是基于业务数据的资源模型、业务流程及服务标准。业务科技资源具备可封装、可重用的特征，资源标准便是业务科技资源的重要内容，成为向多核网状式企业集群提供智力服务的科技服务业的知识性载体。

因此，本章面向的科技资源包括以下两类（见图3-2）。

（1）专业科技资源：研究开发、技术转移、检验检测认证、创业孵化、知识产权、科技咨询、科技金融、科学技术普及等专业科技服务资源。

（2）综合科技资源：面向产品全生命周期价值链、面向产业价值链的综合科技资源。

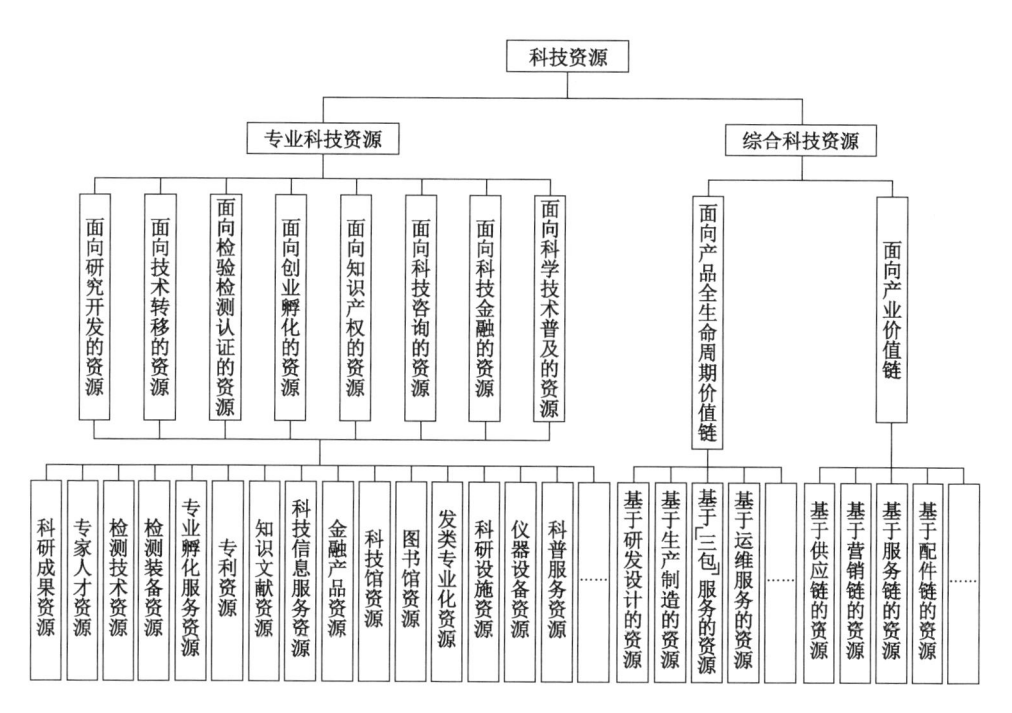

（a）两类科技资源构成

图3-2 两类科技资源

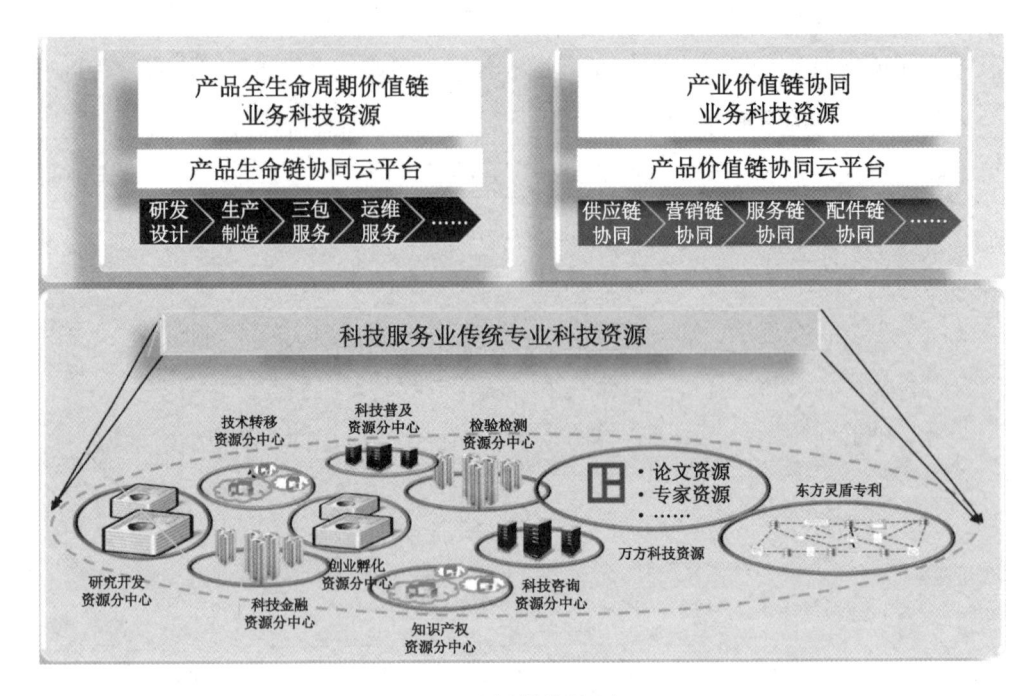

（b）两类科技资源融合

图 3-2　两类科技资源（续）

## 3.1 分布式专业科技资源体系

### 3.1.1 分布式专业科技资源的界定

分布式专业科技资源的界定与科技资源的界定一样，具体参照 1.1.3 节内容。

### 3.1.2 分布式专业科技资源组织模型

针对专业科技资源的分布式多层的特点，构建专业科技资源体系，为城市群实体产业用户提供专业科技资源应用。为了提高资源服务的响应速度及用户体验，接入专利、作者库、高等院校、信息机构、法律法规、外文专利、科研机构、科

# 第 3 章　分布式资源聚集理论与资源空间

研成果、中文会议论文、中文期刊论文、中文 OA 论文、企业库、专家库、外文 OA 论文、外文期刊论文等科技资源构建专业科技资源池，并以资源池为数据源头在京津冀、哈长、长三角和成渝四大城市群部署专业科技资源软构件和相应的专业服务库，从而形成分布式专业科技资源体系，如图 3-3 所示。专业科技资源池、城市群资源池，以及万方、东方灵盾资源空间，共同构成了分布式专业科技资源体系。

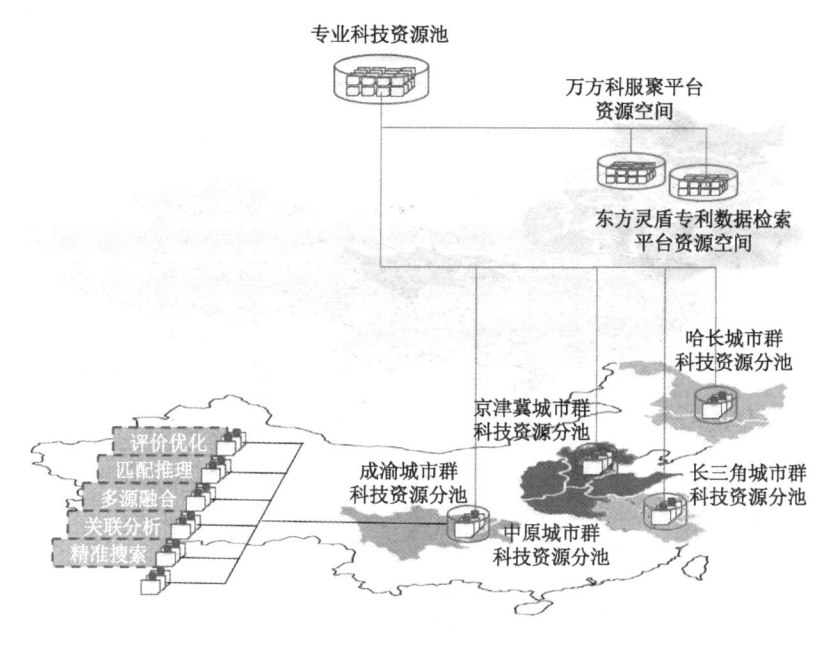

图 3-3　分布式专业科技资源体系

## 3.1.3　分布式专业科技资源体系内涵

分布式专业科技资源体系（见图 3-4）构建了支持跨平台"资源"汇聚与协同的专业科技资源池，汇聚了北京万方软件有限公司、北京东方灵盾科技有限公司的专业科技资源，集成了京津冀协同创新区、长三角、成渝、哈长、中原城市群及中国（海南）自由贸易试验区的综合科技资源服务平台的科技资源，搭建了城市群科技资源分池。专业科技资源池由汇聚的北京万方和东方灵盾资源、治理日志资源和城市群分池感知反馈资源组成。通过集成接口接入了北京万方和东方灵盾的科技资源，并通过对资源的接入、更新、标记、标准化、筛选、集成、融合等处理功能将两类资源融合后形成本地资源库和治理日志资源库。

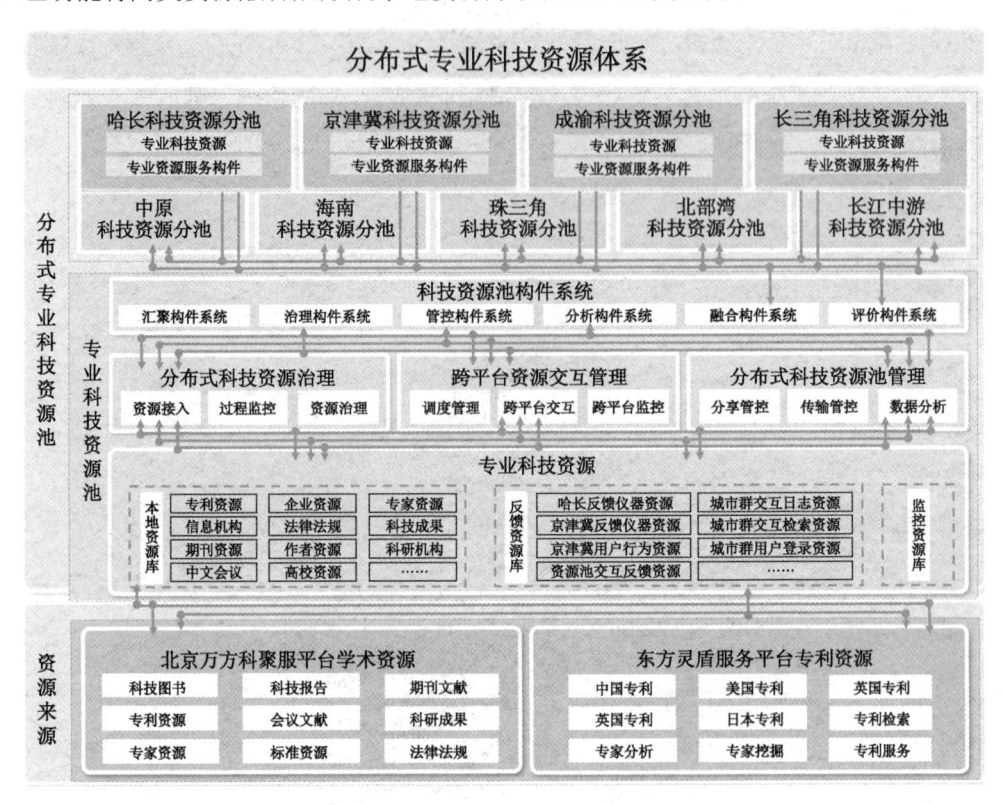

图 3-4 分布式专业科技资源体系

## 3.2 分布式业务科技资源体系

### 3.2.1 分布式业务科技资源的界定

分布式业务科技资源的界定与科技资源的界定一样，具体参照 1.1.3 节内容。

业务科技资源关注对价值活动流程与数据建模及模型的持续优化，关注对价值链协同知识的提炼与抽象，将流程模型、数据模型、提炼与抽象的知识结果通过形式化封装和固化形成业务科技资源。业务科技资源基于云平台和企业管理运营软件而发展。业务科技资源由数据驱动、语言智能等技术驱动，替代人工积累经验，并自动发现知识，实现自诊断、预测与优化、决策支持。

### 3.2.2 分布式业务科技资源组织模型

构建业务科技资源体系的目的是为企业集群提供业务科技资源应用。为了提高资源服务的响应速度及用户体验，以价值链协同平台资源空间为数据源头，在京津冀、哈长、长三角和成渝四大城市群部署业务科技资源软构件和相应的专业服务库，从而形成分布式业务科技资源体系，其组织模型如图 3-5 所示。价值链协同平台资源空间、城市群资源库、核心企业数据库，共同构成了分布式业务科技资源体系。

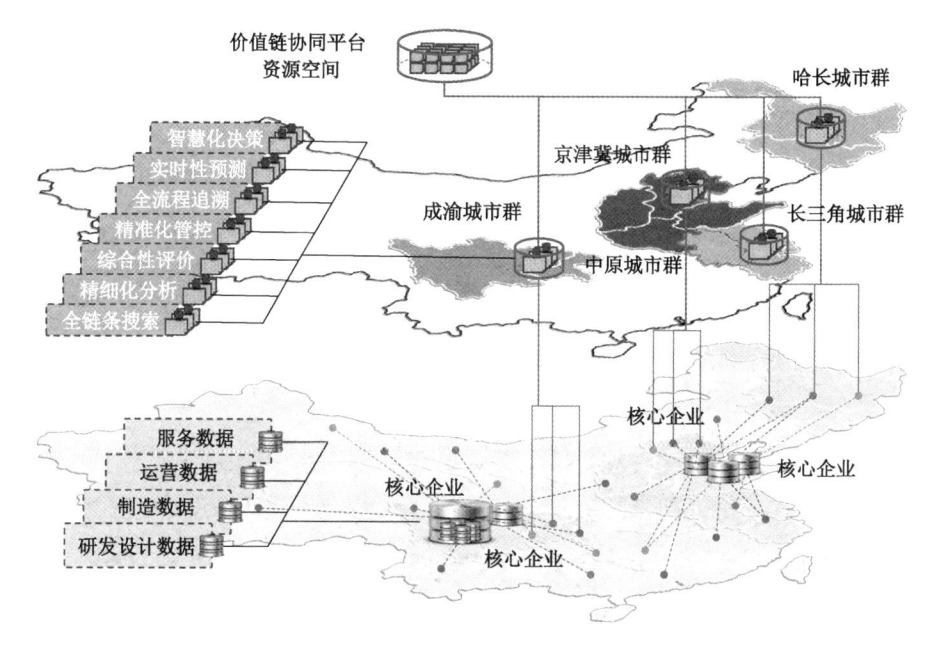

图 3-5 分布式业务科技资源组织模型

### 3.2.3 基于工业互联网平台的业务科技资源系统

围绕多核价值链协同，其支撑是支持多价值链协同的云平台[3-4]，实际上是一种典型的工业互联网平台，价值链协同的"业务数据"和"业务流程"源于工业互联网平台。笔者构建了基于工业互联网平台的业务科技资源系统，如图 3-6 所示。其中：

工业互联网平台是指笔者前期创建的我国第一个生产制造领域的云平台——基于 ASP / SaaS 的制造业产业价值链协同平台[5]。该平台获国家科技进步奖，已实现 365×24 小时的第三方生产运营，基于平台建立了产业价值链业务协同的整体解决方案。

业务科技资源系统构架于工业互联网平台之上。基于平台构架，为支持价值链协同的业务科技资源服务解决方案提供资源支撑，主要包含元数据、主数据、领域库 / 主题库和软件程序等。

解决方案层是业务科技资源系统价值的最终体现，包含支持价值链协同的业务科技资源服务解决方案、基于数据智能的价值链协同业务科技资源服务模式。

建立价值链协同的业务科技资源系统的直接目的是获得业务活动所需的各种知识，贯通数据智能技术和数据应用之间的桥梁，支撑企业生产、经营、研发、服务等各项活动的精细化，促进企业转型升级。

这一资源系统是基于全链条搜索、精细化分析、综合性评价、精准化管控、全流程追溯、实时性预测和智慧化决策等关键技术的支撑的。

（1）全链条搜索：原始业务数据分散在供应、营销、服务、配件等运营型业务系统中。实现全链条搜索需要打通覆盖整个产业链条的业务系统。

（2）精细化分析：细粒度场景下准确的分析。例如，汽车企业针对产品故障问题，通过分析故障历史业务数据，为企业改进整车质量、指导车型地区投放及售后维修预测性备件提供智能化决策。

（3）综合性评价：定性定量相结合的综合性评价，即定性评价与定量评价相

## 第 3 章　分布式资源聚集理论与资源空间

结合，多种评价方法相结合。例如，针对企业的绩效评价、产品或服务的质量评价。

（4）精准化管控：供应链、营销链、服务链、配件链等业务的端到端管控。例如，以滞销配件管控为例，通过对配件库存进行数据分析，构建配件分类模型，找出滞销配件，然后转让给最合适的配件服务商，以避免对库存造成不良影响。

（5）全流程追溯：追溯产品全生命周期过程中的状态、属性、位置等。例如，通过建立完善的产品出生档案，可以实现对产品零部件和产品出厂信息的追溯。

（6）实时性预测：降低模型预测时滞，实时反映业务关注点。例如，通过配件销售预测，可以指导制造商及其协作企业合理的准备配件需求供应数量。

（7）智慧化决策：在复杂的生产运营环境中，做出科学的判断。例如，帮助配件销售商合理地备货、帮助制造企业制定分销任务等。

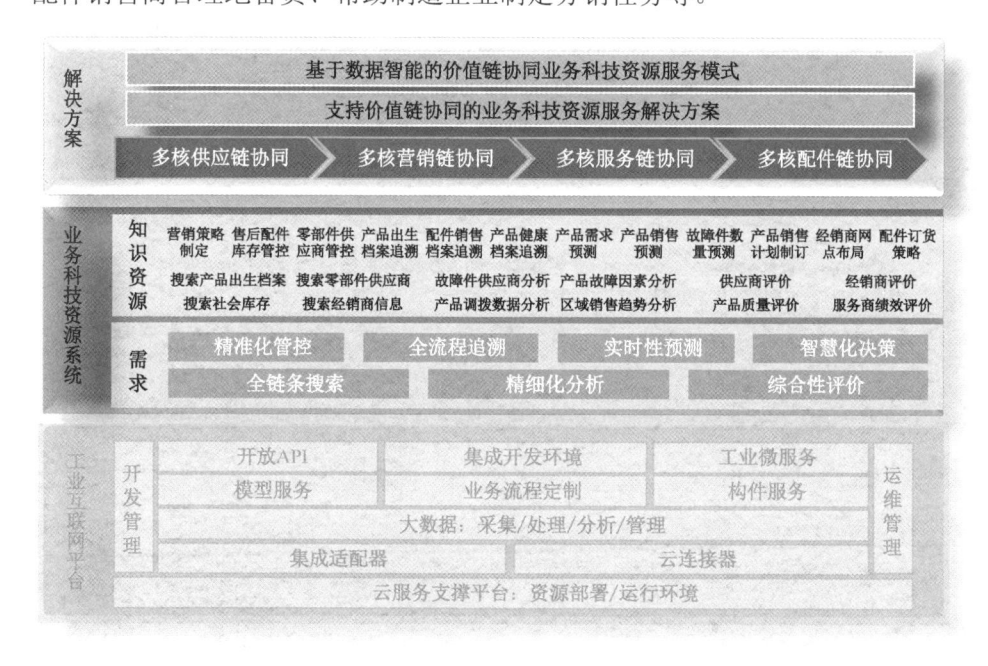

图 3-6　基于工业互联网平台的业务科技资源系统

## 3.2.4 分布式业务科技资源体系内涵

分布式业务科技资源体系（见图 3-7）构建了支持跨平台"业务"的协同业务科技资源池，汇聚了成都国龙信息工程有限责任公司的"基于 ASP / SaaS 的制造业产业价值链协同平台"及"多核价值链协同服务云平台"的价值链协同业务科技资源，包含代理商业务资源、营销链业务资源、服务链业务资源、配件链业务资源和其他附件资源。经测试，业务资源总量为 244267168 条，集成了京津冀协同创新区、长三角、成渝、哈长、中原城市群及中国（海南）自由贸易试验区的综合科技资源服务平台的科技资源，搭建了城市群科技资源分池。

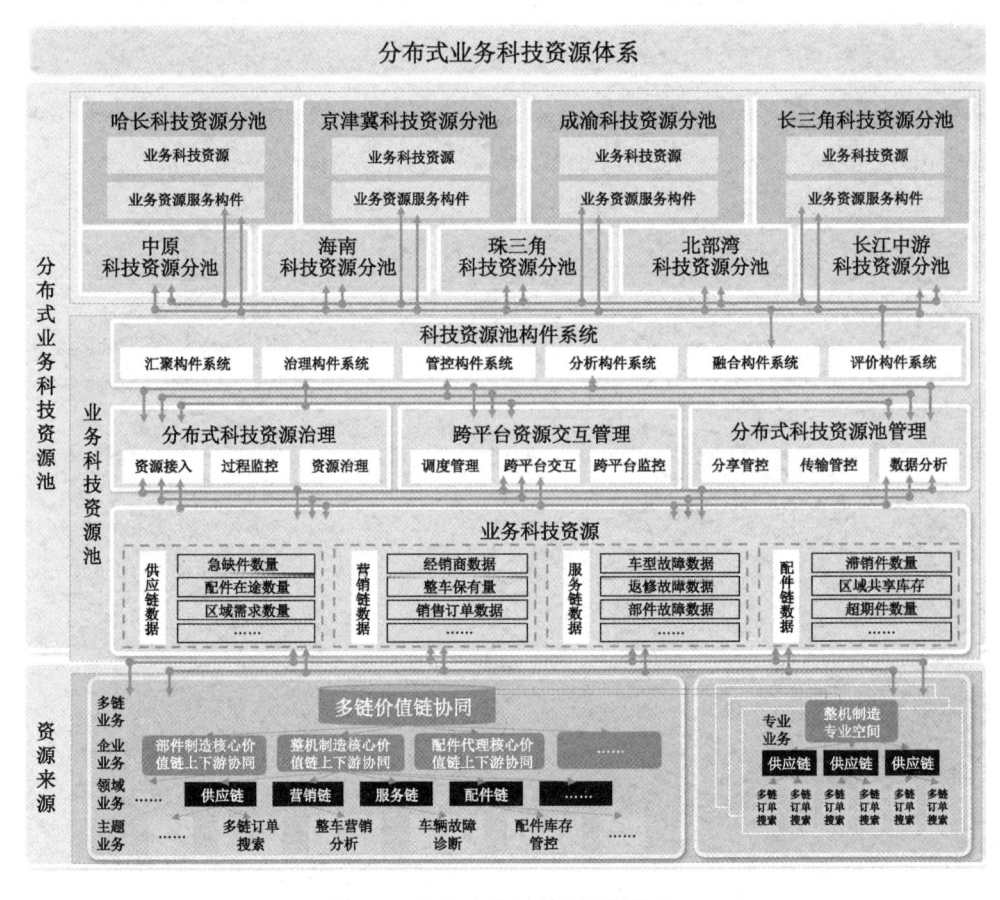

图 3-7 分布式业务科技资源体系

## 3.3 分布式科技资源汇聚体系

### 3.3.1 分布式科技资源体系整体解决方案

分布式科技资源体系主要由汇聚北京万方软件有限公司、北京东方灵盾科技有限公司的专业科技资源和成都国龙信息工程有限责任公司的价值链协同业务科技资源，集成京津冀协同创新区、长三角、成渝、哈长、中原城市群及中国（海南）自由贸易试验区的综合科技资源服务平台的科技资源，搭建城市群科技资源分池，形成了分布式科技资源池。

通过分布式资源的接入与治理、资源标记过程监控、资源标准化过程监控、资源清洗过程监控、资源筛选过程监控、资源集成过程监控和资源融合过程监控，对北京万方和东方灵盾等多来源科技资源进行可视化接入汇聚，并通过标记、标准化、筛选、集成、融合等处理功能将多源资源治理后形成本地资源库和治理日志资源库，对整个过程进行监控分析，并对分布式科技资源池进行运行调度管控，监控与京津冀平台、长三角、成渝和哈长城市群平台之间的交互情况。分布式科技资源体系整体解决方案如图 3-8 所示。

### 3.3.2 分布式科技资源系统汇聚模型

1. 分布式科技资源空间的多层汇聚模式

针对分布式资源空间中多源、异构的科技资源数据[6]，制定多源异构资源数据分布式处理机制，建立多个科技资源数据库之间的对象实体映射及查询适配，完成分布式多源数据库管理模型和文件库模型的构建，实现分布式资源空间结构、非结构化数据的协同共享存储、分布式处理；建立基于汇聚、转换、标准化、融合分布式科技资源汇聚/融合框架；在此基础上，制定标志状态和标准化转换的规范，设计清洗、筛选、集成的标准化规范，形成组合、配置、存储的融合规范，以及抽取、关联、挖掘的分析规范，建立科技资源的按需服务模型，形成分布式科技资源空间"汇聚—清洗—关联—融合"多层汇聚模式，如图3-9所示。

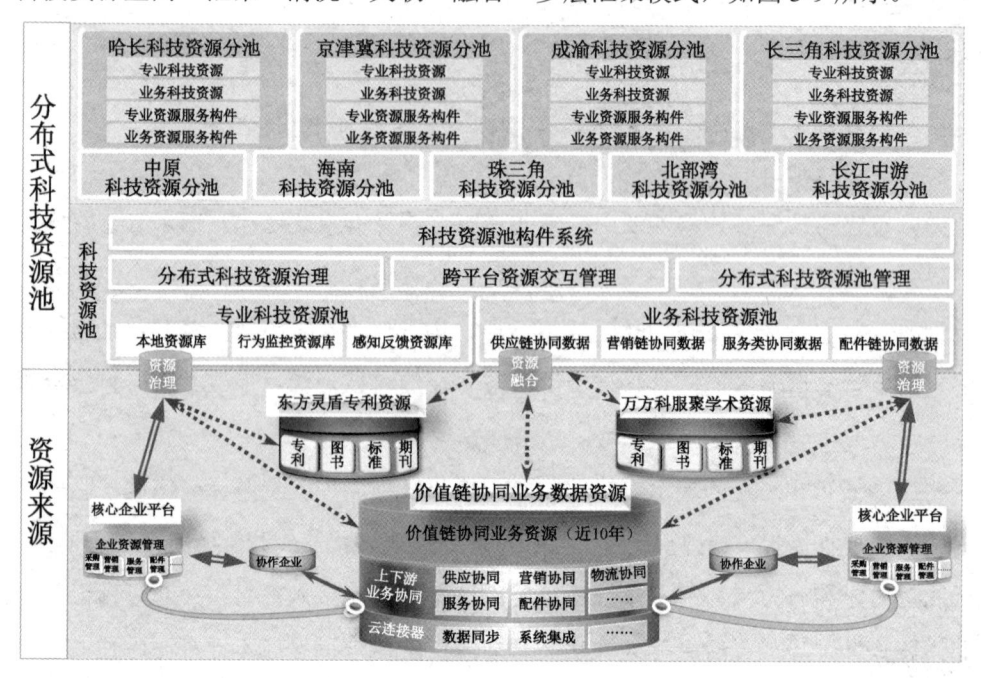

图3-8 分布式科技资源体系整体解决方案

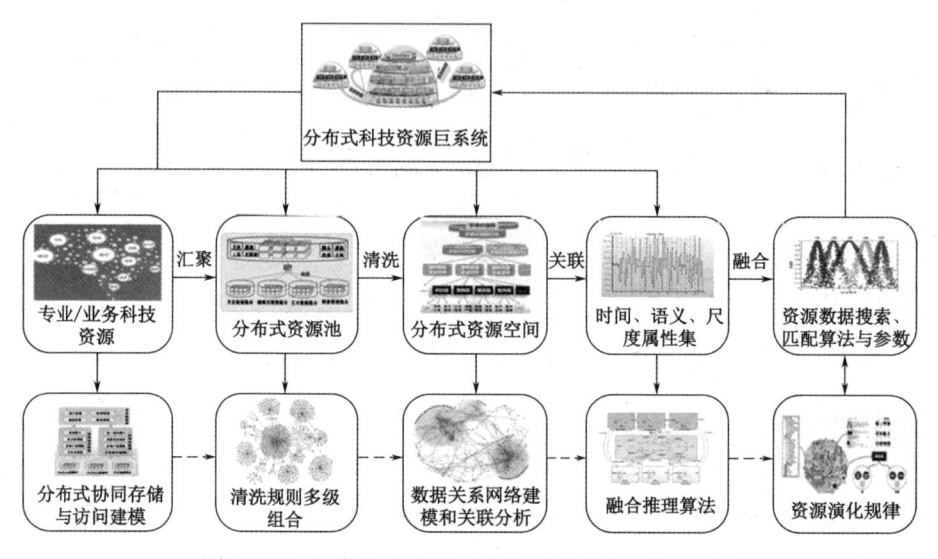

图3-9 "汇聚—清洗—关联—融合"多层汇聚模式

2. 分布式科技资源汇聚模型

基于云计算架构[7-8]，采用分布式系统框架搭建资源巨系统数据处理基础平台；通过分布式计算机制进行资源数据的分布式处理；利用分布式文件系统[9]提供半结构和非结构化资源数据存储；使用数据交换工具从万方数据中心的关系型数据库中导入结构化数据，存储在分布式科技资源池；调用数据分析处理工具对巨系统中资源数据进行搜索、匹配、分析、推理、评价和优化，并封装成服务构件，实现分布式专业科技资源的汇聚，参照云计算的多层服务架构，建立如图3-10所示的分布式科技资源汇聚模型。该平台概念模型由知识资源层、资源虚拟化与组织层、资源服务层构成，为城市群产业实体服务提供资源支撑。

1）资源层

资源层主要包括北京万方科聚服云服务平台学术资源、东方灵盾"一站式"服务平台的专利资源，及"基于ASP / SaaS的制造业产业价值链协同平台"的价值链协同业务数据资源。其中，专业科技资源主要包括分布式科技资源定制化汇聚构件系统软件实现对专利、作者库、高等院校、信息机构、法律法规、外文专利、科研机构、科研成果、中文会议论文、中文期刊论文、中文OA论文、企业库、专家库、外文OA论文、外文期刊论文等的接入资源。业务科技资源关注对价值活动流程与数据建模及模型的持续优化，关注对价值链协同知识的提炼与抽象，将流程模型、数据模型、提炼与抽象的知识结果通过形式化封装和固化形成业务科技资源。

2）科技资源治理层

科技资源治理层主要通过对科技资源池中的接入资源进行标记、标准化、清洗、筛选、集成、融合、分析等治理方法形成专业资源、分析资源、运维资源、业务资源等主题资源库，其中标记包括标志状态规范和标准化规范，融合包括组合、配置、存储等算法，重塑包括资源集成、资源按需配置、资源融合和资源分析的资源重塑技术。

3）资源服务层

资源服务层主要通过资源的汇聚、集成、匹配、优化等为城市群企业用户

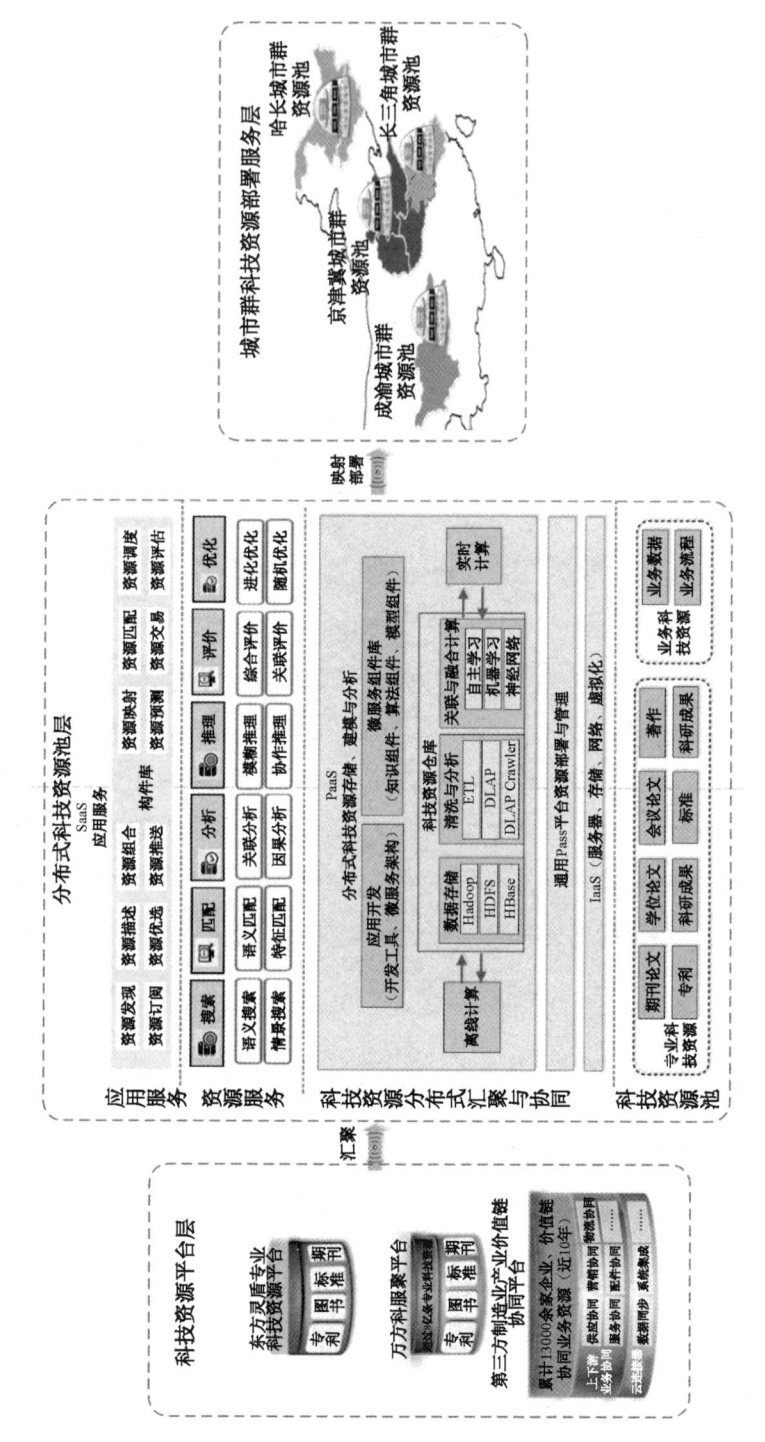

图 3-10 分布式科技资源汇聚模型

提供用户领域、资源回溯、服务回溯、资源分布、服务分布、专家热度、知识热度、专利热度、热搜排行等信息获取服务，形成搜索为服务、分析为服务、匹配为服务、推理为服务、评价为服务、优化为服务的多种服务形式。

### 3.3.3 分布式科技资源系统汇聚技术

1. 分布式科技资源数据预处理

科技资源数据来源多样，数据模型异构，存在着数据缺失、标准不统一、不一致、冗余、含有噪声等问题。这些问题不仅对系统的存储空间和效率造成影响，而且跨平台资源之间也无法交互和管控。因此，在对资源汇聚之前，对其进行预处理是十分必要的。数据预处理采用数据清洗、数据变换和数据归约[10]。

（1）数据清洗是针对接入资源数据中存在的一些问题，通过数据清洗技术对空缺值、错误数据、噪声数据等这些问题数据进行处理来提高数据质量。数据清洗一般包含五个步骤：定义错误类型、标出错误数据、修正错误数据、记录错误类型实例、修改数据抽取程序，最后一步是为了减少将来错误发生的概率。

（2）数据变换是通过各种手段降低数据维度来消除接入资源数据在时空、精度、属性等方面的差异，将数据规范化，变换成适合存储和处理的需求。常用的数据变换方法有数据平滑、数据聚集、数据概化、数据规范化。

（3）数据归约是为了减少存储空间和保证资源数据的完整性。常见的方法有降维归约、数据压缩、概念分层。降维归约主要是通过删除多余维数或属性来降低存储量。数据压缩则是通过对原数据进行变换或编码，得到数据的压缩表示；数据压缩还包括通过数据去重节省存储空间。数据归约是较小的数据模型来装载数据，从而减少数据量。概念分层是通过用高层次的概念替代低层次的概念使得概化之后的数据量变少和更易理解，所需的存储空间也随之变少。

结合上述数据预处理方法，针对分散的科技资源借助分布式系统强大计算和存储能力建立资源汇聚体系，通过分布式计算进行任务处理，将科技资源经过数据清洗、数据变换、数据归约等预处理后，导入资源池中，根据数据类型进行科技资源的协同存储，最终形成分布式科技资源池。

## 2. 分布式科技资源重塑技术

针对分布式汇聚的科技资源建立了包括核心库、主题库和标准资源库的资源重塑框架，研究了包括资源集成、资源按需配置、资源融合和资源分析的资源重塑技术，如图 3-11 所示。

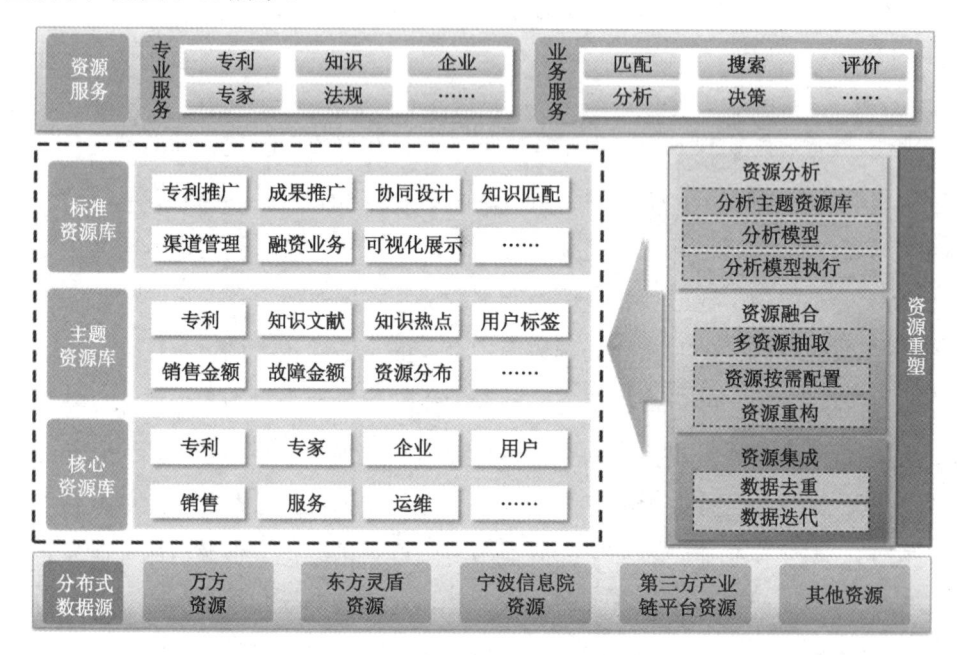

图 3-11 分布式科技资源重塑技术

## 3. 分布式科技资源治理流程

针对汇聚的科技资源制定了包括标志状态规范和标准化规范的转换规则，研究制定了包括数据清洗规范、筛选规范和集成规范的相关标准，建立了包括融合规范和分析规范的科技资源治理模型，形成科技资源的标准化治理流程，如图 3-12 所示。

## 4. 分布式科技资源的数据交换

多源异构科技资源分布在不同的数据库，由于原有信息系统开发环境和数据存储方式的独立性，每个系统之间都产生异构性，资源的共享非常困难。因此，将不同空间不同类型的数据库科技资源进行汇聚，其中一个关键的技术点就是数据交互技术，针对多源异构的资源数据，将不同的源数据系统中的数据经过字段

# 第 3 章 分布式资源聚集理论与资源空间

映射、数据过滤以后写入目标存储系统的规定的数据结构中,这个过程涉及不同结构数据之间的相互转换。传统的数据迁移和数据交换技术可以实现简单的互享互通,把分散的资源数据汇聚到一个统一的平台上来。但是这种单纯汇总起来的数据还是存在各种问题,没有办法发挥数据的价值。下面对几种多源异构知识资源的数据交换技术常用的技术方案进行对比。

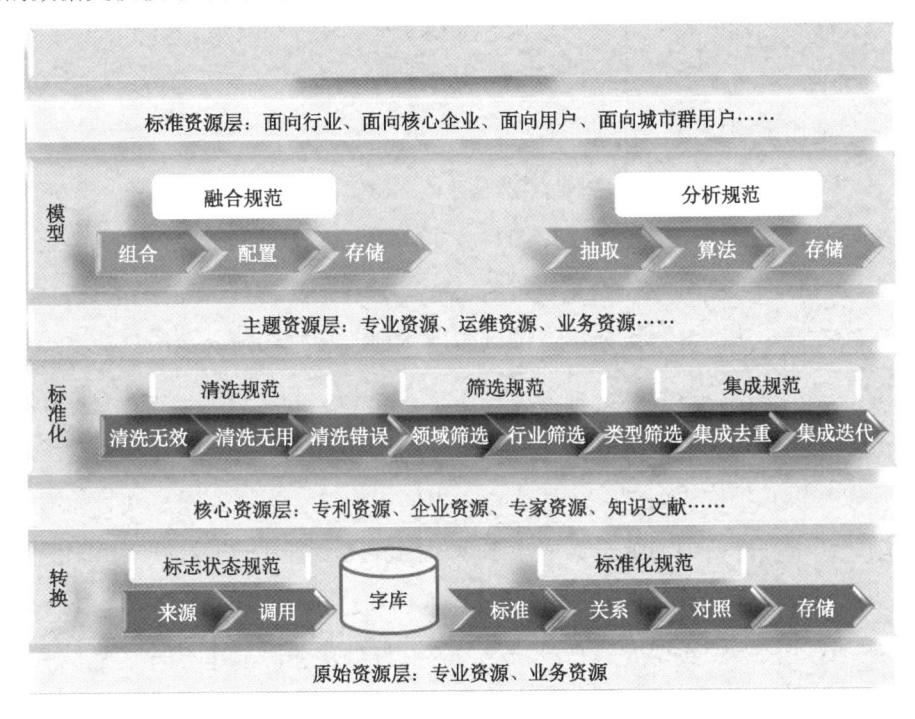

图 3-12 分布式科技资源治理流程

1)数据库复制技术是比较传统的技术,指的是分布式环境存在的多数据库系统,对源数据传递到目的数据库运行的过程。目前,一些大型的关系数据库都提供了自己的数据复制解决方案,如 SQL Server、MySQL、Oracle 等都给用户提供了自己的数据转换工具,直接利用封存好的数据交换工具对数据格式进行转换和存储,可以实现异构数据库之间数据的直接交换。这类常见的工具包括:SQL Server DTS 等。这类数据库工具有快速实用、运行效率较高的优点,但由于一些商业上的原因,这些转换工具都有使用范围的限制。另外,在数据转换过程中,数据库被直接访问，存在一定的安全风险。

2）基于中间件的数据交换技术，中间件是位于客户端和与服务器之间的接口软件，用户不需要考虑中间件的方法和技术，通过接口应用中间件技术可以使各个异构数据库之间的高度自治性较好地保持，具有较好的安全性。但是中间件技术的程序是针对具体的应用而定制的，难以复用、可扩展性差、技术复杂成本高。目前，比较常用的开发中间件的技术有 OMG 公司的 CORBA 技术、Sun 公司的 J2EE 技术及 Microsoft 公司的 DCOM 技术等，但是都没有统一的技术标准，小规模企业的使用成本较高。

3）以 XML 作为媒介的数据交换技术，XML 标准由万维网联盟（W3C）颁布，它与 HTML 类似，不同的是，HTML 侧重于显示数据，而 XML 主要用来描述数据。XML 的数据标记不是预定义的，而是由使用者根据自身的需求来定义的，为了让所有程序能够共享，使用者可以通过 XML 规范和定义结构化数据，使得传输的数据和文档符合统一的标准。XML 文档的内容和结构完全分离，具有统一的标准语法，XML 技术具有跨平台、可扩展、自描述等特点，很好地解决了系统异构及数据模式异构等问题，可用来作为中间媒介进行数据交换，并且能够很好地克服传统数据交换中的缺点。现在国际上很多机构都提出了基于 XML 的电子商务架构标准，ebXML、OBI、CXML、eCo、BizTalk、ebXML 等都是比较成功的案例，这些标准的实现方式与应用能力各有特点，它们都在不同程度上解决了数据交换和共享这个难题。

5. 分布式科技资源的构件化封装技术

资源的构件化封装和选择在很大程度上影响着资源管控与服务的整体性能，但目前关于构件选择研究主要针对单个构件，然而分布式资源汇聚需要同时对多个资源构件进行选择组合，多构件的选择问题是一个在特定约束条件下求解最佳构件的选择优化问题。首先，依据实际资源需求进行分析，以确定资源汇聚的功能模块。然后基于资源服务链对每一类资源都进行稳定性分析，通过服务稳定集将静态科技资源与动态资源分离，从而选择大粒度构件实现稳定资源汇聚，小粒度构件组合实现可变资源汇聚，完成资源需求到资源构件的动态优选过程，提高

# 第 3 章 分布式资源聚集理论与资源空间

多粒度科技资源的复用性能,为分布式科技资源的快速汇聚提供技术支撑。

资源服务链是一条由若干资源构件按照资源需求形成的服务链。资源服务链包括服务稳定集、静态服务特征、动态服务特征、稳定域、多粒度层次资源服务构件。其中,稳定域为服务功能模块所组成的静态服务特征与动态服务特征相互关联的、耦合的、非独立的服务业务模型空间。服务稳定集是由其所需要的科技资源、服务活动、服务行为,以及服务交互过程中涉及资源提供和使用主体、资源及其共享关系共同封装成的动态服务功能模块和静态服务功能模块。分布式科技资源服务链模型如图 3-13 所示。

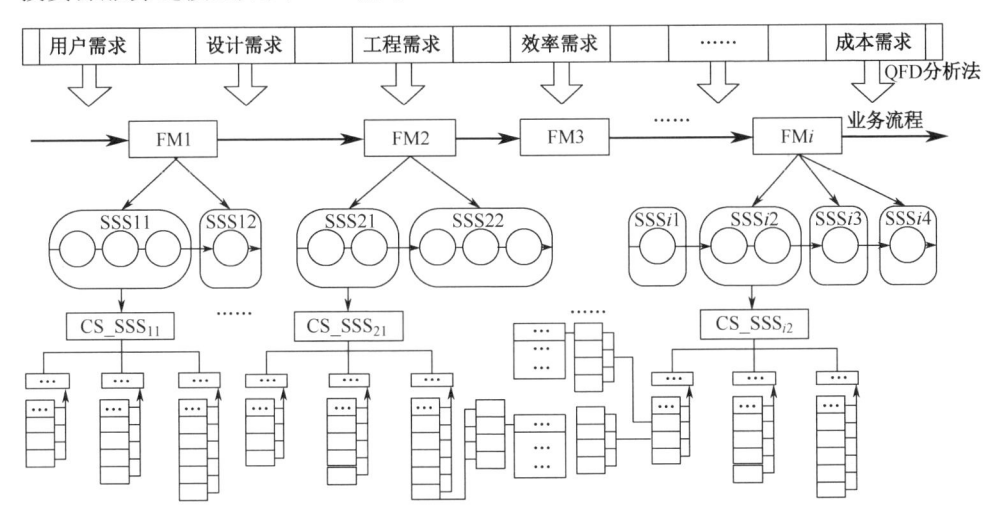

图 3-13 分布式科技资源服务链模型

6. 分布式科技资源汇聚运行技术

分布式专业科技资源体系运行模型将体系架构向云计算服务平台扩展,利用面向服务的技术架构优势整合分布式专业科技资源,既可以调用本地某个单一功能服务,也可以将异地功能服务集成起来形成松耦合的、基于协议独立的分布式计算体系结构。应用基于消息的企业服务总线模式实现分布式资源的部署与管理,同时采用异步及事件驱动模型,实现资源服务的调度与交互。分布式科技资源汇聚运行技术如图 3-14 所示。

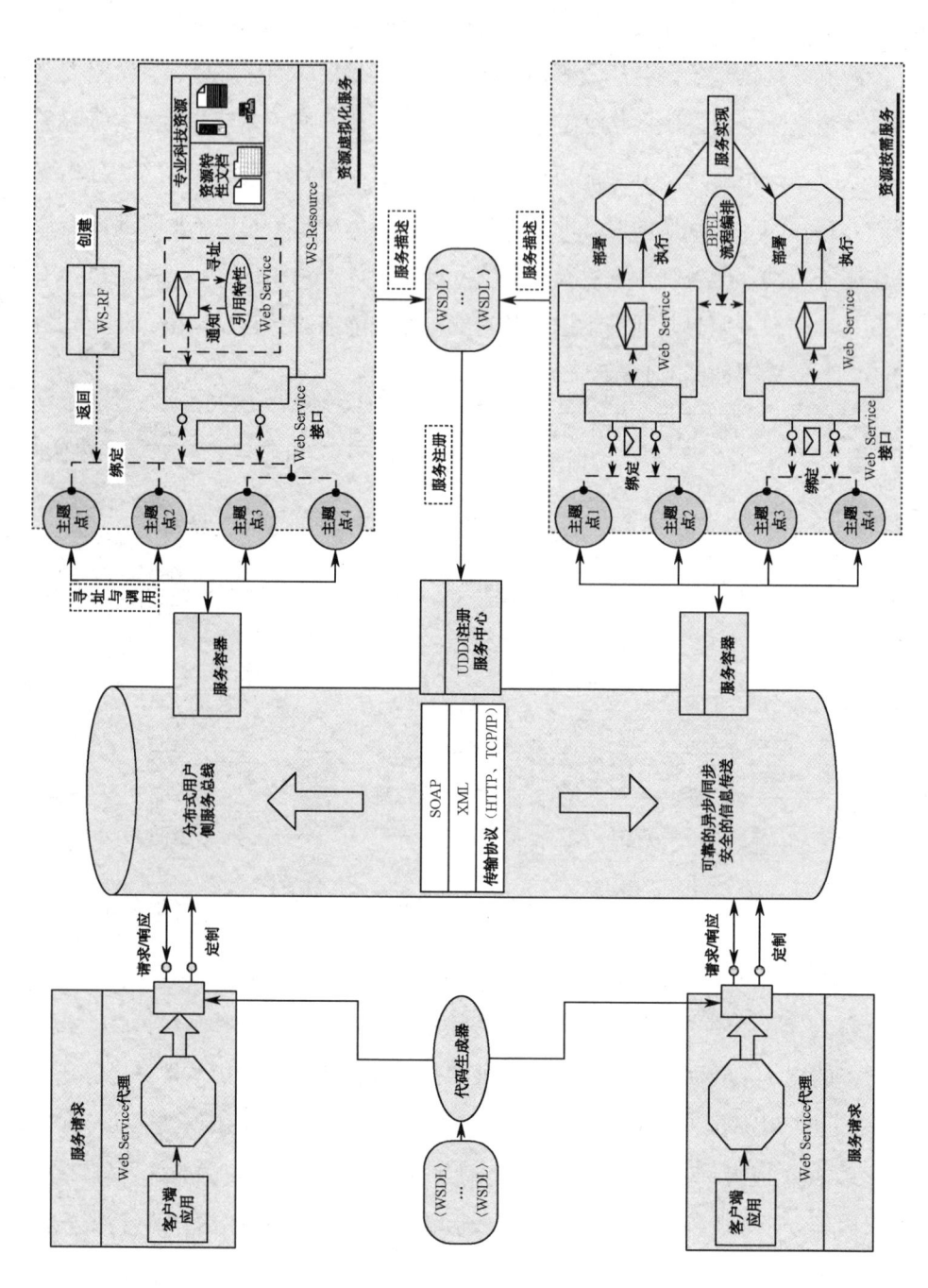

图 3-14 分布式科技资源汇聚运行技术

### 3.3.4 分布式科技资源汇聚体系内涵

基于上述研究，笔者研发了分布式科技资源池，汇聚了北京万方软件有限公司、北京东方灵盾科技有限公司的专业科技资源和成都国龙信息工程有限责任公司的价值链协同业务科技资源，集成了京津冀协同创新区、长三角、成渝、哈长、中原城市群及中国（海南）自由贸易试验区的综合科技资源服务平台的科技资源，搭建了城市群科技资源分池，形成了分布式科技资源池。截至 2021 年 7 月 31 日，汇聚的科技资源总量为 1374367259 条。其中：

1. 专业科技资源池

构建了支持跨平台"资源"汇聚与协同的专业科技资源池，由汇聚的北京万方和东方灵盾资源、治理日志资源和城市群分池感知反馈资源组成。通过集成接口汇聚了北京万方和东方灵盾的科技资源，并通过对资源的接入、更新、标记、标准化、筛选、集成、融合等处理功能将两类资源融合后形成本地资源库和治理日志资源库。经测试，汇聚的北京万方科聚服云服务平台的学术资源为 1011245077 条、东方灵盾"一站式"服务平台的专利资源数据为 116982313 条。

2. 业务科技资源池

构建了支持跨平台"业务"的协同业务科技资源池，汇聚了成都国龙信息工程有限责任公司的"基于 ASP / SaaS 的制造业产业价值链协同平台"及"多核价值链协同服务云平台"的价值链协同业务科技资源，包含代理商业务资源、营销链业务资源、服务链业务资源、配件链业务资源和其他附件资源。经测试，业务资源总量为 244267168 条。

3. 城市群资源分池

与哈长、成渝、京津冀、长三角、中原、海南城市群综合科技服务平台实现了集成，并可以按需要将京津冀和中原城市群平台中的大型仪器资源汇聚到本地资源库。其中，在京津冀、长三角、成渝、哈长四大城市群搭建的城市群分池已经运行，中原城市群及中国（海南）自由贸易试验区的综合科技资源服务平台的城市群分池在测试与逐步应用之中。

分布式科技资源汇聚体系如图 3-15 所示。

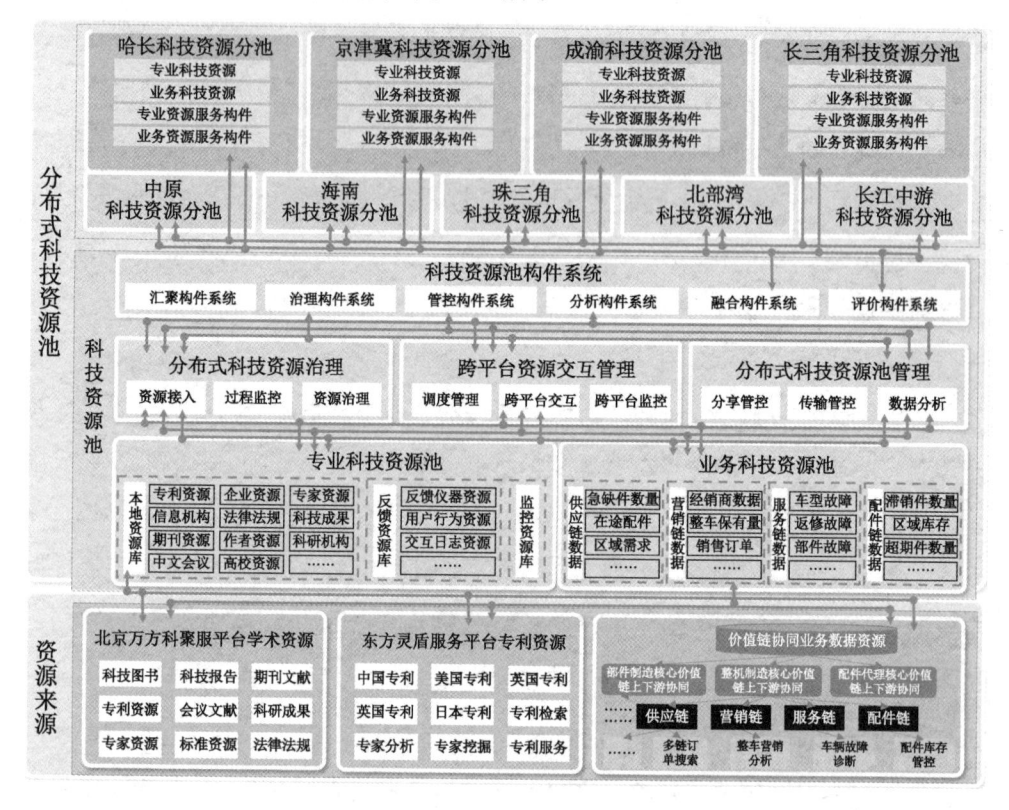

图 3-15　分布式科技资源汇聚体系

# 参考文献

[1] 孙林夫，等. 产业集群科技服务方法论及科技服务业创新发展试点技术报告[M]. 成都：四川省技术市场协会科学技术成果评价报告，2020.

[2] 赵丹阳. 数字环境下科技文献信息开发利用与服务模式研究[D]. 长春：吉林大学，2012.

[3] 吕瑞. 基于云平台的多核服务价值链协同技术研究[D]. 成都：西南交通大学，2019.

[4] 方伯苋. 基于云平台的配件多价值链协同技术研究[D]. 成都：西南交通大学，2019.

[5] 基于 ASP／SaaS 的制造业产业价值链协同平台. 四川省，西南交通大学，2016-01-01.

[6] 张辉，吴辉，刘瑞，等. 科技资源信息检索关键技术[J]. 北京航空航天大学学报，2006（09）：1063-1066-1103.

[7] MELL P，GRANCE T. *The NIST Definition of Cloud Computing*[R]. National Institute of Standards and Technology，2011.

[8] 姚锡凡，练肇通，李永湘，等. 面向云制造服务架构及集成开发环境[J]. 计算机集成制造系统，2012，18（10）：2312-2322.

[9] 刘军，冷芳玲，李世奇，鲍玉斌. 基于 HDFS 的分布式文件系统[J]. 东北大学学报（自然科学版），2019，40（06）：795-800.

[10] 李晓菲. 数据预处理算法的研究与应用[D]. 成都：西南交通大学，2006.

# 分布式资源巨系统及资源协同模型

## 第4章

## 4.1 分布式科技资源巨系统

### 4.1.1 问题的提出——开放的复杂巨系统

**1. 开放的复杂巨系统的特征**

20世纪90年代初,形成了一个新的科学领域——开放的复杂巨系统及其方法论[1],这是以我国科学家钱学森先生为首的科学工作者的研究成果。开放的复杂巨系统是指系统与其环境有物质、能量和信息的交换,并且组成系统的子系统数量和种类很多,子系统之间关系复杂。钱学森先生以其对社会系统、人体系统和地理系统的研究实践为基础,提炼、概括和抽象出了开放的复杂巨系统的方法论。

在我们的生活中,系统无处不在,如我们的一个家庭就是一个系统。根据组成系统的子系统种类的多少和它们之间关联关系的复杂程度,可把系统分为简单系统和巨系统两大类,子系统数量非常大(如成千上万、上百亿、万亿),称作巨系统。在巨系统中,若子系统种类不太多(如几种、几十种),且它们之间关联关

## 第 4 章　分布式资源巨系统及资源协同模型

系又比较简单,那么通常只有微观和宏观两个层次,通过统计综合即可从微观描述过渡到对系统宏观整体的描述,如统计力学就是简单巨系统。

如果子系统种类很多并有层次结构,它们之间关联关系又很复杂,这就是复杂巨系统。如果这个系统又是开放的,就称作开放的复杂巨系统。

钱学森先生认为,开放的复杂巨系统主要是指这样的一些系统:

(1) 系统与其环境有物质、能量和信息的交换,即系统是开放系统;

(2) 组成系统的子系统数量很多,即系统是巨系统;

(3) 组成系统的子系统种类很多,并有层次结构,子系统之间的关联关系也很复杂。

2. 城市群企业集群的特征

经济全球化、信息技术的革命和现代管理思想的发展,使世界制造业发生了重大变化。为应对同质化竞争和全球化资源配置的压力,国际化大型制造企业集团纷纷在世界范围内建立制造、研发、营销和服务中心,使制造业的研究开发、生产制造、营销服务和资本运作均推向世界,制造产业的格局发生了重大变化,制造资源配置的全球化趋势越来越强,推动了全球产业结构的调整和产业链的全球延伸。世界制造业正在向全球化、个性化、服务化、集群化和生态化方向发展。

今天,在全球范围配置制造资源、形成制造业优势产业链和区域特色产业集群、抢占世界市场已成为世界各国制造业发展的首选战略。制造业通过市场化的外包、专业化的分工和社会化的协作,带动了配套及零部件生产中小企业群的发展,形成了各具特色、重点突出的产业链和制造业集中地,产业集群化趋势不断增强,集聚效应越来越明显,产业集群化发展已成为世界制造业发展的大趋势。

企业集群按不同标准可归纳为不同的模式体系,以内部市场结构为标准,企业集群可分为轴轮式、多核式、网状式等模式。

1) 轴轮式企业集群

轴轮式企业集群是指众多相关中小企业围绕一个龙头企业形成的产业集群[2]。在一个处于中心地位的大企业的带动下,各中小企业一方面按照它的要求,为它加工、制造某种产品的零部件或配件，或者提供某种服务；另一方面又完成相对独立的生产运作，取得自身的发展。日本的丰田汽车城是轴轮式集群的典型。在丰田公司的250多个供货商中，有50个将总部设在了丰田汽车城，其余200多个也聚集在半径为5小时车程的范围之内。所有的供应商都紧紧地围绕着丰田汽车城，形成一个整体。丰田要求供货必须准时，货到后不进库房，直接按计划时间上线，即时作业。这套标准化流程是连续花3年时间，集合250多个供应商不断开会、讨论、训练而形成的。标准化生产链保证了产品的质量，同时把成本降到了最低。

轴轮式集群的主要特点在于：

（1）有一个大型企业构成集群的核心，带动周围的中小企业发展；

（2）核心企业凭借自身雄厚的技术支持和强大的品牌优势，掌握着整个系统的运转，并给周边企业以指导；

（3）整个集群的运作以核心企业的生产流程为主线；

（4）众多小企业能够提供比集群外企业更低的运费、更符合要求的配套加工产品。

2）多核式企业集群

多核式企业集群是指众多小企业围绕几个龙头企业形成的产业集群。这种模式在形成初期，往往只有一个核心企业和一些相关配套企业，但随着产业的发展，出现了多个核心企业，形成了同一集群内多个主体并存的局面。例如，美国的底特律汽车城，有通用、福特和克莱斯勒三大汽车公司，这三大全球知名企业带动了众多不同规模的汽车企业。全美有1/4的汽车产于底特律汽车城，全城400多万人口中有90%的人靠汽车工业谋生。

多核式企业集群模式的主要特点在于：

（1）以几个企业为核心进行运营；

（2）围绕不同的核心企业形成了多个体系，同一体系内部密切合作，体系间又存在着明显的竞争；

（3）集群中的竞争一方面表现为核心企业之间的竞争，即选择外围合作企业（如供货商、服务机构等）争取顾客；另一方面表现为生产同类产品的配套企业之间的竞争。

3）网状式企业集群

网状式企业集群是指众多相对独立的中小企业交叉联系，聚集在一起形成的产业集群。网状式集群的主要特点是：

（1）集群中企业的规模小，雇员的人数很少，企业类型大多属于雇主型企业；

（2）由于生产工艺较为简单，流程较少，企业能够独立地完成生产，所以相互之间较少有专业化分工与合作；

（3）生产经营对地理因素的依赖性较强；

（4）生产的产品具有明显的地方特色，大多是沿袭传统生产方式形成的；

（5）供应商和顾客群比较一致，竞争较为激烈；

（6）在对外销售方面具有较强的合作性。

3. 面向城市群企业集群的开放复杂巨系统——多核网状式企业集群

实际产业的发展模式多样丰富，如汽车产业一是因区位优势享受包括政府政策在内的红利；二是因产业"多核心主体"并存而产生竞争剩余；三是同质竞争和纵向竞合的并存，竞合剩余效应明显。多核网状式企业集群是一种融合轴轮式、多核式和网状式的企业集群，我们把这种集群定义如下：

多核网状式企业集群是以"轴轮式企业集群"为基础，"多核心主体"并存，协作企业群纵横交叉，形成的多核心多体系企业集群。多核体系内纵向产业链关联，体系间竞争和合作并存，具有同质竞争和纵向竞合的双重特征。

从协作关系看，链式结构供应链产生的轴轮式企业集群是"以龙头企业为核心的上下游协作关系"，但我们必须正视现代产业不是一家独大，而是多点支撑，呈多核式状态，具有多核式产业集群的特征，并且企业之间协作关系复杂。一是"核心企业"与"核心企业"之间虽然是"竞争"多于"协作"，但"核心企业"的协作企业群存在与多个"核心企业"之间的横向协作，具有网状式和混合式企

业集群的特征。因此,多核网状式企业集群是一种网状结构的供应链。其中:

(1)多核网状式企业集群的基础是"轴轮式企业集群",是以链条链接模式发展的基于纵向分工网络的产业集群,生产企业之间有明确的专业化分工,每个企业都在产业链上占据合适的位置,形成一种合理的分工和协作的状态,符合过去几十年制造业发展的状态。

(2)多核网状式企业集群包含了多个同质竞争或纵向协同的核心企业。例如,多个汽车整车制造企业、多个汽车零部件制造核心企业,形成了同一集群内多个主体并存的局面,形成了围绕不同核心企业的多个体系,同一体系内部密切合作,体系之间既存在着明显的竞争,又存在着明显的合作。"竞争"一方面表现为核心企业之间的竞争,包括优选合作企业、争取顾客,另一方面表现为生产同类产品的配套企业之间的竞争。

(3)多核网状式企业集群具有网状式企业集群和混合式企业集群的特征,包括众多相对独立的协作企业群之间的交叉联系。多核式与网状式集群并存,核心企业不仅带动了配套企业的发展,也为散存的中小企业提供了机会。

多核网状式企业集群是轴轮式企业集群和多核式/网状式/混合式企业集群融合发展而成的,是轴轮式、多核式、混合式与网状式集群的有机整合。多核网状式企业集群是以链条链接模式发展的基于纵向分工网络的产业集群,是以专业化分工与社会化协作为基础,各种不同级别企业并存,不同类型企业共生互补的生态化企业集群。它包含多个同质竞争或纵向协同的核心企业,这不仅能以核心企业带动配套企业,也能为散存的中小企业提供了协作的机会。形成多核网状式企业集群的本质是企业群的协同,这是一种典型的以价值网为基础的网状结构协作关系。围绕多核网状式企业集群的协同,实际上构建形成了一个开放的复杂巨系统。

### 4.1.2 分布式科技资源池架构

针对万方科服聚平台、东方灵盾等专业科技资源平台及第三方制造业产业链

## 第4章　分布式资源巨系统及资源协同模型

协同平台构成科技资源的地域分布性、资源数据异构性等特点，对不同类型、不同地理位置的资源进行标记、标准化、清洗、筛选、集成、融合、分析处理，形成若干个节点资源集群，通过汇聚、匹配、计算、分析、优化策略进行分布式科技资源的重塑和治理，在对资源池进行监控、运维的基础上，通过检索、匹配、筛选、展示、使用、计费为城市群用户提供所需资源。

分布式科技资源池构建了支持跨平台"资源"汇聚与协同的专业科技资源池，由汇聚的北京万方和东方灵盾资源、治理日志资源和城市群分池感知反馈资源组成。通过集成接口汇聚了北京万方和东方灵盾的科技资源，并通过对资源的接入、更新、标记、标准化、筛选、集成、融合等处理功能将两类资源融合后形成本地资源库和治理日志资源库，如图4-1所示。

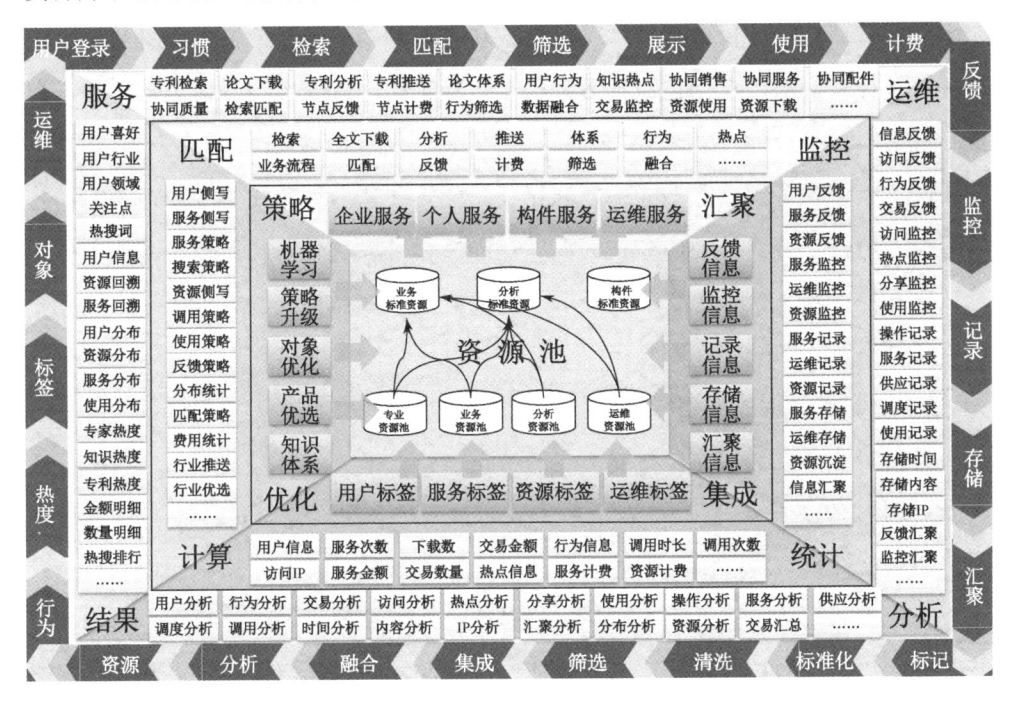

图4-1　分布式科技资源池架构

科技资源池与哈长、成渝、京津冀、长三角、中原、海南城市群综合科技服务平台实现了集成，并可以按需要将京津冀和中原城市群平台中的大型仪器资源汇聚到本地资源库。其中，在京津冀、长三角、成渝、哈长四大城市群搭建的城市群分池已经在运行中，中原城市群及中国（海南）自由贸易试验区的综合科技资源服务平台的城市群分池在测试与逐步应用之中。在此基础上，开发了资源治理、分布式科技资源池管理与跨平台资源交互功能。

（1）资源治理：资源治理功能包括分布式资源的接入与治理、资源标记过程监控、资源标准化过程监控、资源清洗过程监控、资源筛选过程监控、资源集成过程监控和资源融合过程监控。通过该功能对北京万方和东方灵盾等多来源科技资源进行可视化接入汇聚，并通过标记、标准化、筛选、集成、融合等处理功能将多源资源治理后形成本地资源库和治理日志资源库，还能对整个过程进行监控分析。

（2）分布式科技资源池管理：分布式科技资源池管理包括资源信息目录、资源分享管控、资源可视化定制、服务资源传输管控、汇聚数据分析、治理数据分析功能。

（3）跨平台资源交互功能：资源交互功能主要包括分布式调度管理和跨平台资源交互监控功能。其中，分布式调度功能模块可以对分布式科技资源池进行运行调度管控；跨平台资源交互监控可以主要监控京津冀平台、长三角、成渝和哈长城市群平台之间的交互情况。

1. 分布式科技资源池标准

针对专业科技资源的分布式多层的特点，建立由万方科服聚平台、东方灵盾等专业科技资源平台及第三方制造业产业链协同平台的分布式科技资源数据集群，通过梳理科技资源的关联关系，建立分布式科技资源空间的统一描述方法，通过领域本体中的术语对每一类科技资源进行分词处理，提取其中的特征词作为资源分布式索引的基础；然后提取科技资源中的其他相关属性和知识源接口，形成索引并存入索引库，通过资源搜索、匹配、分析、推理、评价和优化为京津冀、哈长、长三角、成渝城市群实体产业提供服务，形成科技资源体系标准、专业科技资源定义分类标准、专业科技资源池设计标准、业务科技资源池设计标准、科

## 第 4 章  分布式资源巨系统及资源协同模型

技资源池的资源治理标准、科技资源服务接口标准。

2. 分布式专业科技资源池架构

分布式专业科技资源池汇聚了北京万方软件有限公司、北京东方灵盾科技有限公司等专业科技资源，集成了京津冀协同创新区、长三角、成渝、哈长、中原城市群及中国（海南）自由贸易试验区的综合科技资源服务平台的科技资源，建立了支持跨平台资源汇聚与协同的专业科技资源池。为面向区域产业集群产业"融合"生态链和"产业协同生态链"的构建提供支撑，面向区域产业集群产业"融合"生态链，实现了基于 B2B／B2C 的分布式专业科技资源协同服务模式，如图 4-2 所示。

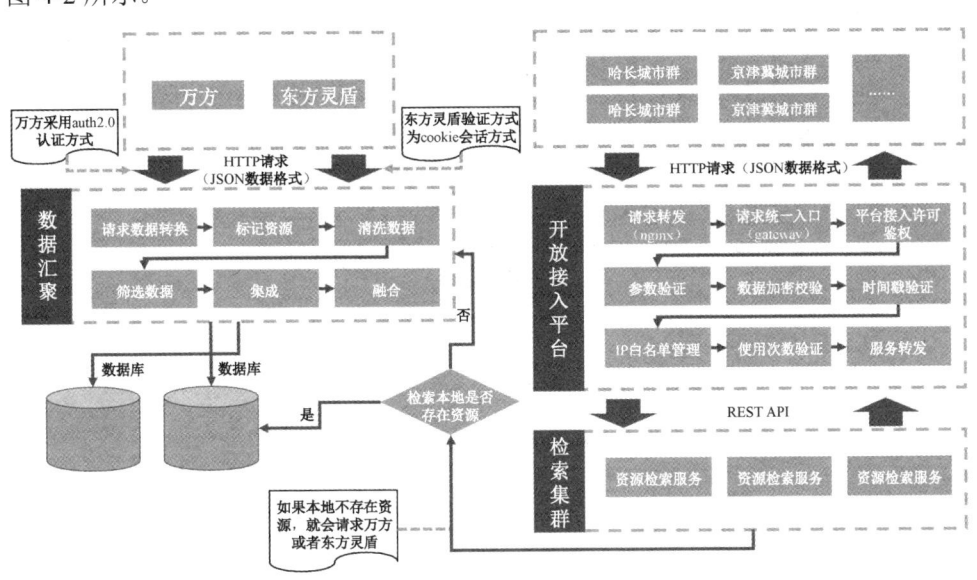

图 4-2  分布式专业科技资源池架构

3. 分布式业务科技资源池架构

分布式业务科技资源池汇聚了成都国龙信息工程有限责任公司的价值链协同业务科技资源，集成了京津冀协同创新区、长三角、成渝、哈长、中原城市群及中国（海南）自由贸易试验区的综合科技资源服务平台的科技资源，建立支持跨平台"业务"的协同业务科技资源池，形成了分布式业务科技资源体系。为面向区域"产业协同生态链"的构建提供支撑，面向区域产业集群产业"协同"生态链，实现了基于 B2B／B2C／C2B 的分布式业务资源协同服务模式。

### 4.1.3 分布式科技资源巨系统内涵

分布式科技资源池围绕北京万方和东方灵盾的跨平台融合的海量科技资源，以及多核网状式企业集群的协同资源，实际上构建形成了一个开放的复杂巨系统。

1. 分布式科技资源巨系统的定义

分布式科技资源巨系统是在万方科服聚平台、东方灵盾专利数据检索平台提供的专业科技资源和第三方"基于 ASP／SaaS 的制造业产业价值链协同平台"提供的业务科技资源基础上的延伸和发展，它强调的是如何汇聚资源，协同完成城市群中企业集群的综合科技服务任务。分布式科技资源巨系统主要通过共享网络将分布在不同物理位置的海量异构科技资源连接起来，形成虚拟的集中资源池，进而为城市群中企业群提供科技资源服务和资源的共享。在应用时，主要通过规划控制理论将一个复杂综合科技服务任务分解成若干简单任务进行求解，并通过调度机制使这些简单任务并行运行在不同的科技资源节点上，最后汇集服务执行结果，体现的是一种"分散科技资源集中使用"的思想。同时，分布式科技资源巨系统还要有效实现"集中科技资源分散服务"的思想，即将分散在不同地理位置的科技资源汇聚起来进行集中运营管理，进而为分布在不同地理位置的城市群企业提供综合科技服务。

专业科技资源包括数字期刊、报告、会议文献、学位论文、学术专著和各种形式的技术成果及应用成果资源，资源量多且庞杂、异质多元、层级交错，各数据资源实体之间存在隐含泛在关联，总体上呈现复杂网络系统特征；业务科技资源是多核网状式企业集群作为城市群产业生态链结构的主要组成，而支撑多核网状式企业集群的是多核价值链协作关系，价值链协同业务数据和业务流程自然成为了业务科技资源的主要载体，是一种典型的以价值网为基础的网

## 第 4 章　分布式资源巨系统及资源协同模型

状结构协作资源网络，围绕城市群综合科技服务需求，实际上汇聚形成了一个开放的复杂巨系统。

因此，分布式科技资源巨系统定义如下：

分布式科技资源巨系统是以专业科技资源与业务科技资源分布式集聚为核心，以城市群综合科技服务需求为导向，汇聚、组织、融合、协同两类科技资源，为城市群用户提供的一种科技资源开放式分享服务新模式。

2. 分布式科技资源巨系统的典型特征

与已有科技资源系统相比，分布式科技资源巨系统更为突出的典型特征可概括为五点，即体系复杂化、主题多元化、汇聚协同化、分享开放化和服务智能化。

（1）体系复杂化：分布式构建决定了资源体系的复杂性。

（2）主题多元化：分布式科技资源在汇聚的过程中形成了多元主题资源空间。

（3）汇聚协同化：科技资源的分布式汇聚使得资源协同成为重点。

（4）分享开放化：开放分享是分布式科技资源巨系统服务城市群实体产业的关键。

（5）服务智能化：科技资源的分布汇聚与开放分享决定了智能化服务的必然性。

3. 分布式科技资源巨系统的构建（见图 4-3）

**分布式科技资源池管理：** 分布式科技资源池管理包括资源信息目录、资源分享管控、资源可视化定制、服务资源传输管控、汇聚数据分析、治理数据分析等功能。

**跨平台资源交互功能：** 跨平台资源交互功能主要包括分布式调度管理和跨平台资源交互监控等功能。其中，分布式调度功能模块可以对分布式科技资源池进行运行调度管控；跨平台资源交互监控可以主要监控与京津冀平台、长三角、成渝和哈长城市群平台之间的交互情况。

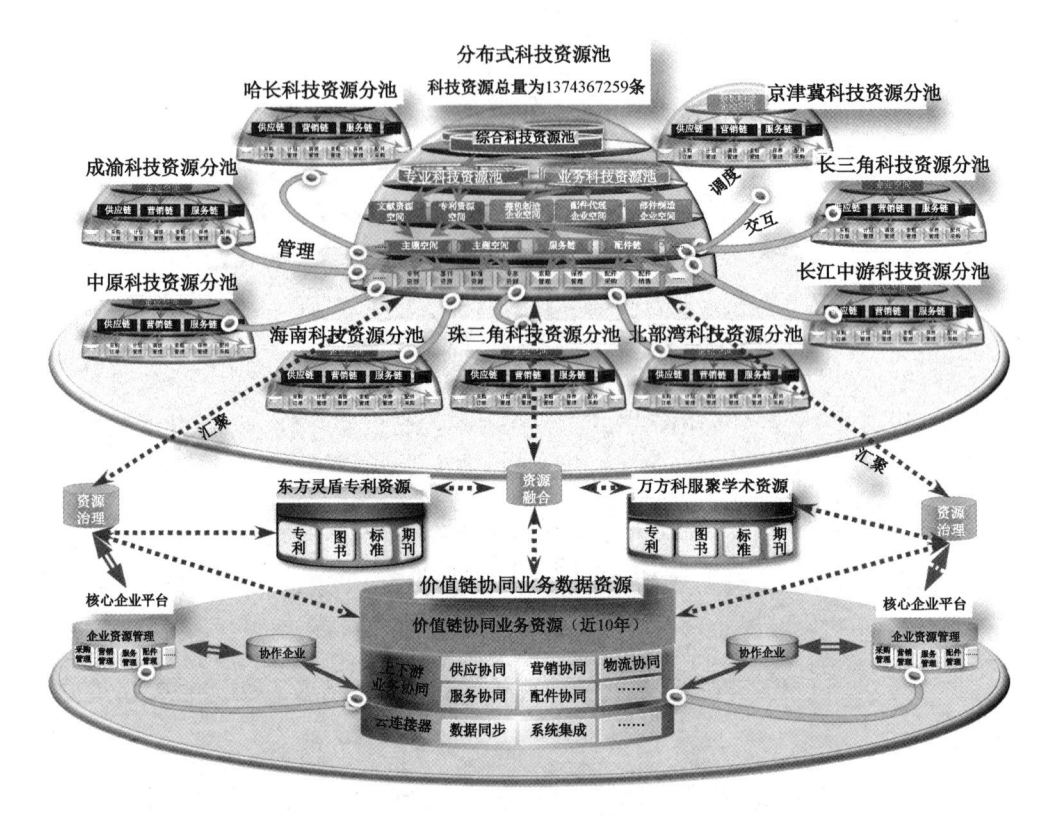

图 4-3　分布式科技资源巨系统的构建

## 4.2　分布式科技资源的协同模型

### 4.2.1　分布式科技资源的协同模型图

分布式科技资源的协同模型见图 4-4。

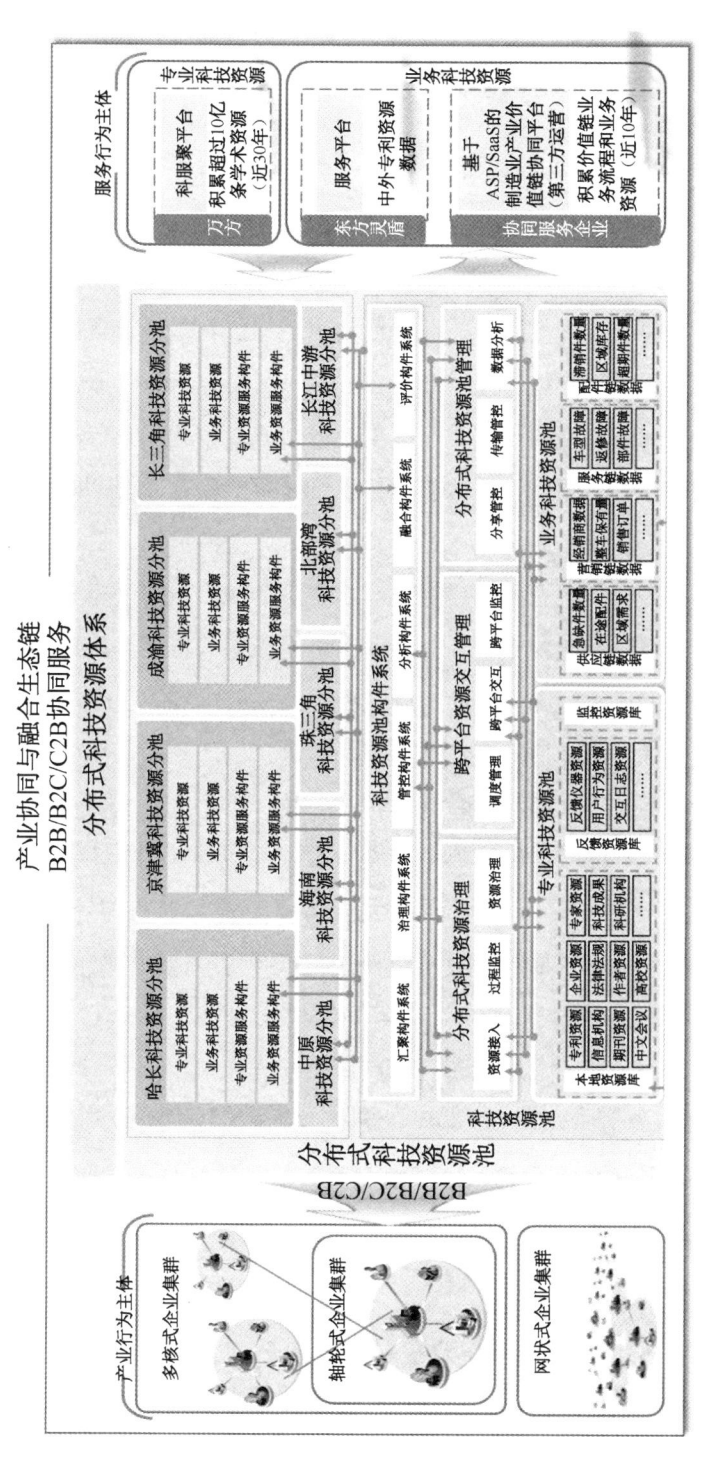

# 第4章 分布式资源巨系统及资源协同模型

图 4-4 分布式科技资源的协同模型

### 4.2.2 分布式科技资源的协同行为建模

1. 分布式科技资源协同行为描述

科技资源服务行为是通过对跨平台科技资源的动态集成为城市群企业产品研制生命周期的各环节、各层面提供系统的智能化支持的能力,包括为设计、分析、制造、采购、销售和维护等过程中的业务活动主动提供相关科技资源,或者以动态服务的形式为产品研制过程中具体业务过程提供智能化服务。服务行为包括服务资源,如标准、规范、专利、文献、模型、方法、参数和工具等科技资源;服务对象,如设计、分析、测试、采购、销售、维修等产品生命周期的不同阶段环节的业务活动;服务操作,如资源下载、资源搜索、资源调用、资源匹配、资源推送、资源评价等;服务状态,如服务发布、服务分解、服务进行、服务提交,以及服务过程中涉及的时空约束等。分布式科技资源协同行为是指通过协同调用匹配多维度、多粒度科技资源为产品研制过程提供按需服务的过程。

因此,多维科技资源云协同服务行为可描述为:

**定义1** 多维知识资源云。设知识云为 $Dc = \{dc_1, dc_2, \cdots, dc_i, \cdots, dc_n\}(1 \leq i \leq n)$ 是能够完整描述科技资源的最小数据集,$dc_i$ 是资源数据集中具体的数据对象。资源云团为一个二元组 $(Cp, R)$,其中 $Cp = \{Dc_1, Dc_2, \cdots Dc_j, \cdots Dc_n\}$ $(1 \leq j \leq n)$ 是为特定业务环节提供的虚拟化描述和服务化封装的资源云滴集合,包括期刊、报告、文献、论文、专著、业务数据和业务流程等多维科技资源。$R: Cp \cdot Cp \bigcup Dc \cdot Dc$ 为不同资源云团或资源云滴之间的继承、归属、组成、实例、同义、同位等映射关系集。$\forall (R_s : \langle Cp_i, Cp_j \rangle) \in R(s = 1, \cdots, n)$ 称作映射关系单元,映射关系集中不同知识云团间映射关系单元的个数称作该映射关系集的模,记作 $\|R\|$。每一维科技资源在提供服务过程中,以 $\|R\|$ 最大的科技资源云为核心与其他科技识资源云形成多维科技资源之间的复杂耦联关系。

若用 $\Gamma_j$ 表示资源服务活动过程的某一服务状态,$I$ 表示产品研制过程中资源服务活动及该活动涉及的多维服务资源的相关属性,则有

## 第4章 分布式资源巨系统及资源协同模型

$$\Gamma_j = \{(I_1(Cp_j, R_s), I_2(Cp_j, R_s), \cdots, I_i(Cp_j, R_s), \cdots, I_n(Cp_j, R_s))\}$$

式中，$I_i(Cp_j, R_s)$ 表示第 $j$ 维科技资源的第 $i$ 个资源属性状态。用 $\Omega_i$ 表示对资源服务状态 $\Gamma_i$ 进行的服务操作，进而产生资源服务状态的改变，资源服务的状态转换过程如式（4-1）所示：

$$\Gamma_n = \prod_{j=0}^{j=n-1} \Omega_i(\Gamma_0) \quad (4\text{-}1)$$

则资源服务的状态模型可表示为 $\Gamma_n\Gamma_0(I_i)|I_i \in \delta, \pi(\Omega_i)/\Omega_i \in Z|$。其中，$\delta$ 表示 $I_i$ 在服务环境制约下的服务活动和服务资源属性的值域，$Z$ 表示在满足资源服务过程中相关工具要求的情况下所允许的操作方法，$\Gamma_0$、$\Gamma_n$ 分别表示资源服务的初始状态和目标状态。再用 $P$、$T$、$F$、$RS$ 表示不同服务行为所实现的服务操作 $\Omega_i$，$P$ 表示多维科技资源服务过程中的执行状态，$T$ 表示多维科技资源协同服务过程中的执行条件，$F$ 表示时序关系约束，$RS$ 表示资源约束。则多维资源协同的服务行为 $Bs$ 可表示为：$Bs=<P,T,F,RS>$。

2. 多层异构科技资源协同体系模型

依据上述对多维科技资源协同的服务行为描述，构建了科技资源的多领域本体，根据本体映射关系和分层结构，建立如图 4-5 所示的基于有向无环图的资源云系、资源云团、资源云滴的逻辑组织模型。该模型采用 DAGO 对不同粒度科技资源进行封装，给出了各资源云基于本体的 DAG 数据结构，进而实现对分布式科技资源的逻辑索引，再对逻辑索引添加本体信息，完成对索引知识资源的语义标注[3]，并与科技服务流程结合，将规范且可以固化的资源云封装成服务构件，以便于科技服务流程中调用，如图 4-5 所示。

图 4-5 中，科技资源云集合由模型中的顶点和有向边构成，每条边代表一种本体映射关系，连接两个资源云团或云滴的顶点。资源云团、云滴按照映射关系从顶层至底层沿着有向边有序、单向地下行，分层排布，并且根据用户需求，以 $\|R\|$ 最大的资源云团为核心连接不同的协作资源云团或云滴，形成资源云系。因而基于本体的 DAG 资源云组织模型可看作一个科技服务过程中资源的数字化序列集，

资源云滴和云团构成其空间的子序列集,将多服务任务排序为一个队列的矩阵集合。

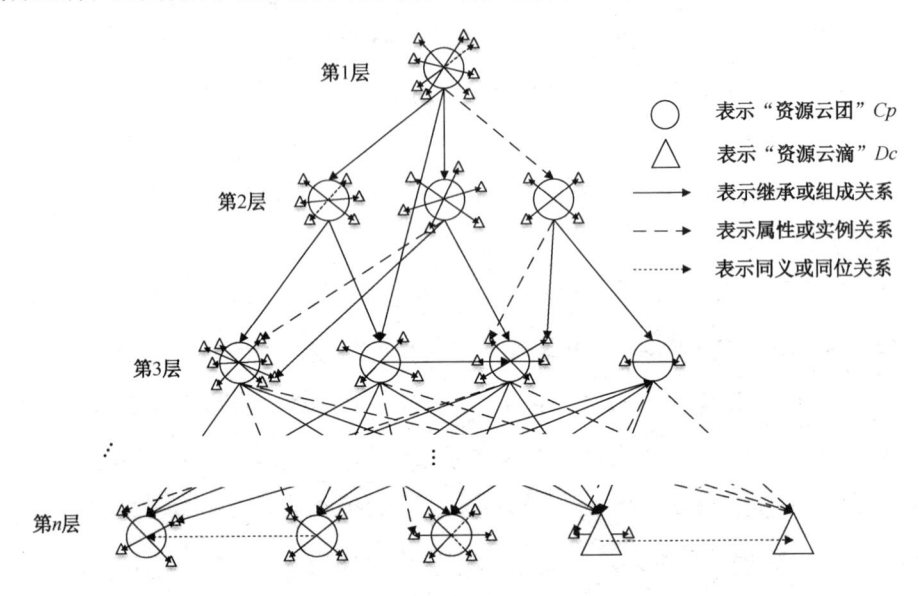

图 4-5 DAGO 科技资源协同体系模型

基于上述分析给出科技资源云组织模型的定义如下:

**定义 2** 科技资源云组织模型是一组由资源云团 $Cp_{ij}$、云滴 $Dc_{ij}$ 按照一定规则排布而成的 $n$ 行 $n$ 列的数据表,即 $n \times n$ 的矩阵 $\boldsymbol{P}^n$,$n \in N^+$。

$$\boldsymbol{P}^n = \begin{bmatrix} Cp_{11} & 0 & 0 & 0 & 0 & 0 \\ Cp_{21} & Cp_{22} & Dc_{23} & 0 & 0 & 0 \\ Cp_{31} & Cp_{32} & Cp_{33} & Dc_{34} & 0 & 0 \\ \vdots & \vdots & \vdots & \vdots & \vdots & \vdots \\ Cp_{i1} & Cp_{i2} & \vdots & Cp_{ij} & Dc_{i(j+1)} & \vdots & Dc_{in} \\ \vdots & \vdots & \vdots & \vdots & \vdots & \vdots \\ Cp_{n1} & Cp_{n2} & \vdots & Cp_{ni} & Dc_{n(j+1)} & \vdots & Dc_{nn} \end{bmatrix} \quad (4\text{-}2)$$

其中,$i$ 表示资源云团或云滴所在的行,$j$ 表示资源云团或云滴所在的列;$Cp_{11}$ 表示基础领域本体;$Cp_{ij}$、$Dc_{ij}(i,j \in N^+)$,且 $(i=1 \cup j=1) \cap (i \neq j)$ 表示领域主题和相关知识;且设 $\text{rank}(P)$ 为矩阵 $\boldsymbol{P}^n$ 的秩,则 $\text{rank}(P)=n$,即 $\boldsymbol{P}^n$ 为非奇异矩阵。

一般地,上述多服务任务序列对应的矩阵 $\boldsymbol{P}^n$ 可表示为 $\{Cp_1,Cp_2,\cdots,Cp_m,Dc_{m+1},$

## 第4章 分布式资源巨系统及资源协同模型

$Dc_{m+2},\cdots,Dc_n$（$m \in N^+$ 且 $m<n$）。若存在资源云系 $Ks$，则 $\exists \{Cp_1,Cp_2,\cdots,Cp_m,Dc_1,Dc_2,\cdots,Dc_m\} \subset Ks$，且 $\exists Cp_m \to R_m : Cp_m \cdot Cp_m$，映射关系集 $R_m$ 的模为 $\|R_m\|=\|R\|_{\max}$（$\|R\|_{\max}$ 为 $Ks$ 中 $\|R\|$ 最大的资源云团的模）；

设 $i, j, k \in N^+$，则有 $Dc_{ij} \neq Cp_{ij}$，$Cp$、$Dc$ 之间匹配关系服从以下规则：

规则1：$\forall Dc_{ij} \in Cp_{ij}$，则 $Dc_{ij}$ 为 $Cp_{ij}$ 的集合组成部分，即 $Dc_{ij}$ 为 $Cp_{ij}$ 上的知识云滴；

规则2：$\forall (Dc_{ij} \subset Cp_{(i+1)k}) \bigcup (Cp_{ij} \subset Cp_{(i+1)k})$，则 $Dc_{ij}$、$Cp_{ij}$ 和 $Cp_{(i+1)k}$ 为继承关系；

规则3：$\forall (Dc_{ij} \sim Cp_{ik}) \bigcup (Cp_{ij} \sim Cp_{ik})$，则 $Dc_{ij}$、$Cp_{ij}$ 与 $Cp_{ik}$ 为同位关系；

规则4：$\forall (Dc_{ij} \approx Cp_{ik}) \bigcup (Cp_{ij} \approx Cp_{ik})$，则 $Dc_{ij}$、$Cp_{ij}$ 与 $Cp_{ik}$ 为同义关系；

规则5：$\forall (Dc_{ij} \in Cp_{(i+1)k}) \bigcup (Cp_{ij} \in Cp_{(i+1)k})$，则 $Dc_{ij}$、$Cp_{ij}$ 可能为 $Cp_{(i+1)k}$ 的属性、实例或者组成部分。

在实际科技服务过程中，两个不同科技资源云系可能存在交互流动和协作耦联关系。为了表述资源云团、云滴之间的耦联关系，给出性质1。

**性质1** 在科技资源云集合 $\theta^n$ 中，资源云滴 $Dc$ 和资源云团 $Cp$ 按层分布（从高到低按照本体映射关系匹配，依次为第 $1,2,\cdots,n$ 层），相邻两层 $i$ 和 $i+1$ 之间的资源云团 $Cp_i$、$Cp_{i+1}$ 或云滴 $Dc_i$、$Dc_{i+1}$ 具有继承、组成、属性或实例关系 $R_{i(i+1)}$；同一层资源云团 $Cp_{ij}$、$Cp_{i(j+1)}$ 或云滴 $Dc_{ij}$、$Dc_{i(j+1)}$ 之间具有同义或同位关系 $R_{j(j+1)}$；任意两云团 $Cp_i$、$Cp_j$ 之间具有逻辑耦联关系 $R_{ij}$，$R_{i(i+1)}$、$R_{j(j+1)}$、$R_{ij}$ 均是 $R$ 的子集，即 $R_{i(i+1)}$、$R_{j(j+1)}$、$R_{ij} \subseteq R$，当云团间不存在耦联关系时，$R=\varnothing$。

基于上述定义，给出科技资源云的 DAGO 组织模型构建过程如下：

（1）建立 DAGO 的根节点，设置根节点的领域本体主题词；

（2）针对 $n$ 个资源云团中的每个云团，在 DAGO 中建立节点 $Cp_i$；

（3）针对任一资源云团 $Cp_i$ 的领域本体主题设置其上级概念集合变量，并确定上级节点主题词集合；

（4）创建上下级节点之间的语义逻辑关系，针对上级概念集合变量中的每个元素，若 DAGO 中不存在与该元素对应的知识云团，则创建该资源云团；

（5）对于概念集中的每个云团，若 DAGO 中不存在该主题词资源云团，则构建该资源云团，并添加由该资源云团指向当前节点的有向线段；

（6）进入递归循环，令上级概念集合变量为空，当前节点变量等于创建的资源云团时，转向步骤2；

（7）若本体主题词不是概念本体中的概念，则添加由根节点指向资源云团的有向线段。

构建的基于 DAGO 的科技资源云组织模型在分布式多任务排序上具有较高的执行效率，矩阵 $P^n$ 中资源云团或云滴可依据其所在的层次、序列位置按规则进行匹配。资源云组织模型的准确定位和合理层次结构使得不同粒度资源云之间具有准确高效的索引特性。

3. 分布式科技资源协同行为建模

**协同服务行为建模**

多维科技资源云协同行为是通过科技服务业务流程实现对资源云滴、云团、云系的协同调用。本书为了有效表达科技服务流程及流程中不同协作任务之间的交互过程，根据服务流程中的时序和资源约束，建立了基于任务流—资源—状态—规则的多维资源协同行为的协作规则，结合基于 Petri 网的工作流描述方法[4]，构建了如图4-6所示的基于资源 Petri 网（Resources Petri Net，RPN）的多维资源云协同服务行为模型，并依据服务行为描述，给出了 RPN 的定义。即 $RPN=(P,T,F,RS)$，其中 $P$、$T$、$F$、$RS$ 分别为库所集合、变迁集合、关系约束和资源约束。

$P=(p_1,p_2,\cdots,p_i,\cdots p_n)$ 是一个库所集合，表示服务流程中某个服务任务在不同时间的局部状态。并且 $p_i$ 的含义为服务任务在时刻 $i$ 的状态。

$T=(t_1,t_2,\cdots,t_i,\cdots t_n)$ 是一个变迁集合，表示库所在不同时刻其局部状态进行改变时所需要的变迁条件。

$F=(L_1,L_2,L_3,L_4)$ 且 $F\in(T\cdot P\cdot RS)$ 是一个时序关系约束。时序关系约束是一个表示库所、变迁和资源云团之间的连接线的集合，用来表示库所、变迁和资源云团

## 第4章 分布式资源巨系统及资源协同模型

之间的关系。其中，$L_1$ 表示任务执行规则；$L_2$ 表示科技资源的推送方式；$L_3$ 表示资源云滴组成云团的方式；$L_4$ 表示资源云团中资源云滴的关联关系；其中任务执行规则 $L_1$ 可表示包括启动、暂停、终止和重启的四元组，即 $L_1$=(Start($bf$,[$T_i$]), Suspend($bf$,[$T_i$]),Stop($bf$,[$T_i$]),Reboot($bf$,[$T_i$]))。例如，($t_1 \in$ Suspend)∩({$t_2,t_3$}∈Reboot) 表示在服务任务运行状态下，服务操作 $t_1$ 暂停，服务工操作 $t_2$ 和 $t_3$ 重启，若 $t_1$ 缺失，则暂停其所属服务任务的所有操作活动，若 $t_2$ 和 $t_3$ 同时缺失则启动其所属服务任务中已暂停的服务操作活动。

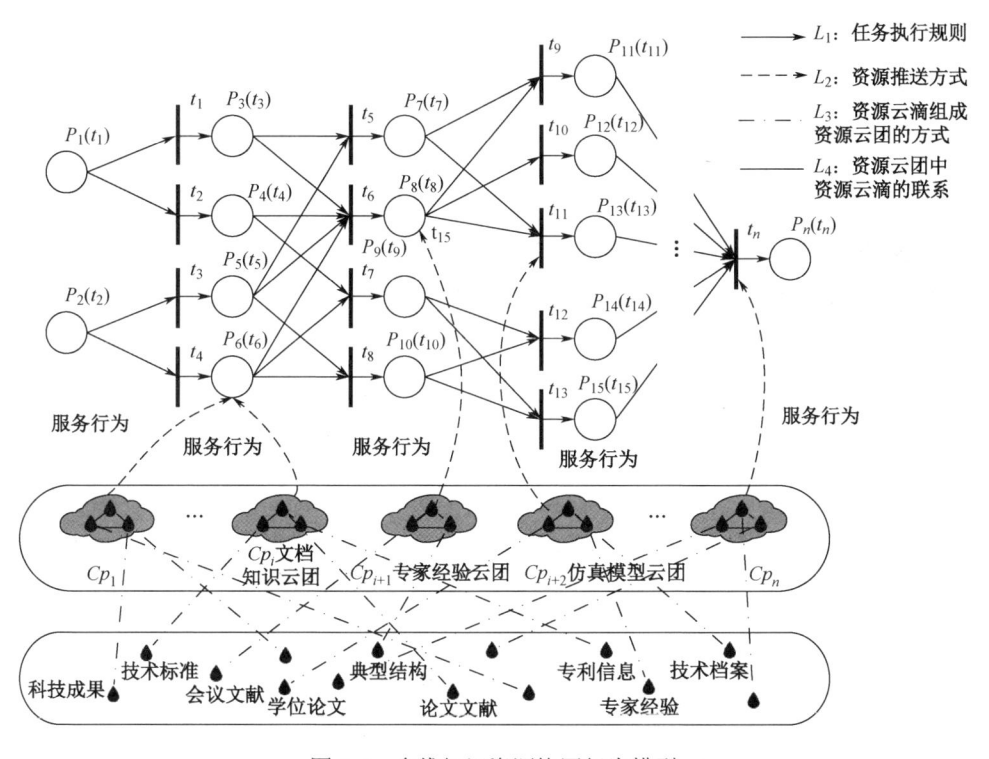

图 4-6 多维知识资源协同行为模型

$RS=\{Cp_1,Cp_2,\cdots,Cp_j,\cdots,Cp_n\}(1 \leqslant j \leqslant n)$ 是一个资源约束。资源约束表示随着服务流程的推进，在不同状态和条件下所需要的资源云团，在执行服务行为之前，资源 Petri 网中的 $Cp_i$ 为空，在执行服务行为之后，由匹配推理获取 $Cp_i$ 相应的科技资源。

因此，RPN 是通过对库所 $p_i$ 与资源云团向量的广义 Jaccard 相似度计算，完成 RPN 中库所、变迁与多维科技资源云的按需匹配推送的，形成多维科技资源云协同服务行为。具体实现过程如下：

（1）分别提取资源 Petri 网中 $p_i$、$t_i$ 和资源云团 $Cp_i$、云滴 $Dc_i$ 的含义，并通过术语词典对 $p_i$、$t_i$ 和 $Cp_i$、$Dc_i$ 的含义进行词条切分，获取其关键词。

（2）计算其词频 $f(Dc_i)$、$f(p_i)_j$ 的大小，并以此为依据形成资源云滴和资源云团的特征向量。其中库所 $p_i$ 的向量表示为 $V(p_i)=\{f(p_i)_1, f(p_i)_2 \cdots f(p_i)_j \cdots f(p_i)_n\}$，资源云团 $Cp_i$ 的向量表示方法为 $V(Cp_i)=\{f(Cp_i)_1, f(Cp_i)_2 \cdots f(Cp_i)_j \cdots f(Cp_i)_n\}$，同理可给出资源云滴 $Dc_i$ 和变迁 $t_i$ 的向量表示。

（3）通过计算库所 $p_i$、变迁 $t_i$ 与资源云团向量的广义 Jaccard 相似度，完成库所、变迁与多维资源云的按需匹配推送。其中，RPN 的库所 $p_i$ 与资源云团向量广义 Jaccard 相似度计算如式（4-3）所示，且设置阈值 $\gamma$，当 $\gamma$ 越接近 1 时，向量广义 Jaccard 相似度越大。同理，RPN 的库所 $p_i$ 和变迁 $t_i$ 与资源云团或资源云滴的相似度计算可由此推出。

$$sim(V(p_i), V(Cp_i)) = \frac{V(p_i) \cdot V(Cp_i)}{\sqrt{V(p_i)^2} + \sqrt{V(Cp_i)^2} - V(p_i) \cdot V(Cp_i)}$$

$$= \frac{\sum_{i=1}^{n}(f(p_i) \times Cp_i)}{\sqrt{\sum_{i=1}^{n}(f(p_i))^2} + \sqrt{\sum_{i=1}^{n}(f(Cp_i))^2} - \sum_{i=1}^{n}(f(p_i) \times Cp_i)} \qquad (4-3)$$

### 4.2.3　分布式科技资源的协同存储与部署

**1. 分布式资源池的协同存储**

针对分布式资源池中多源、异构、多时态的专业科技资源与业务科技资源数据，制定多源异构资源数据分布式处理机制，建立资源数据库之间的对象实体映射及查询适配，并搭建资源池的资源库模型，存储和处理非结构化的模型数据，通过资源粒度的数据隔离与共享机制完成资源库管理模型的构建，实现分布式科

## 第4章 分布式资源巨系统及资源协同模型

技资源结构、非结构化数据的协同共享存储、分布式处理。

（1）基于分布式系统框架[5]搭建资源巨系统的资源库模型，存储和处理非结构化的模型数据。资源库基于分布式系统框架构建对其功能进行扩展，并封装其接口，赋予资源库版本属性，进行空间划分，通过资源粒度的数据隔离与共享机制实现巨系统结构、非结构化资源数据的协同共享存储和处理。

（2）建立了分布式资源池的统一访问模型。

通过建立多科技资源数据库之间的对象实体映射及查询适配，采用共享数据库，独立数据集合的方式进行数据隔离，完成分布式科技资源巨系统多元数据库管理模型的构建，实现资源巨系统异构数据库的协同访问。

（3）分布式服务总线技术。

面对分布式科技资源数据异地分布的问题，用分布式企业服务总线集成模式，以实现海量异构数据的集成处理与分析过程，进而满足不同资源库之间的信息交互与共享功能。

分布式企业服务总线是在融合事件驱动架构与面向服务体系架构思想的基础上，提出的一种便利的中间件数据集成解决方案，可有效提升不同区域信息资源的整合水平，进而实现分布式资源服务的部署与管理功能。通过将相互关联的分布式异构数据源进行集成，实现用户对数据源的透明访问；而集成大量的异构数据源需要建立高效、可靠的数据传输机制，分布式企业服务总线通过采用 JBI 规范以支持大规模跨组织应用的集成，为实现复杂业务集成及消息的可靠性传输提供了可能。

分布式企业服务总线提供多种特定中介服务组件，以实现消息表现层的转换和消息内容的转换；消息表现层的转换是指改变消息格式，而消息内容的转换主要是为了解决数据集成过程中的语法及语义异构问题。

分布式企业服务总线整体结构主要包括 ESB 主节点、ESB 从节点、流程建模工具、监控管理平台四个部分。其中，ESB 主节点主要负责分布式环境的管理，能够对每个子客户端的资源信息进行接收、上传、监控与管理部署，帮助平台管理者和用户便捷获取相关需求信息；同时为了保障安全的通讯过程及流程的用户体验，ESB 主节点通过加载中介服务组件实现了消息转换和消息路由功能。ESB 从节点主要提供外部应用及异构系统的接入功能。监控管理平台为 ESB 服务端与平台管理员提供了可视化接口，进而实现了对各个客户端的资源管理及消息流进行实时监控。流程建模工具给用户提供了图形化工具来完成数据集成场景建模，同时可将生成的流程文件部署于后台系统进行执行，以实现数据的集成功能。

2. 分布式科技资源的协同部署

分布式科技资源需要支持大规模的数据分析。各个城市群拥有为数众多的企业用户，企业用户通过登录城市群的科技资源服务平台请求所需的业务科技资源。平时的工作负载包括来自不同城市群站点、有着不同频率的复杂查询。分布式环境下的数据部署问题是大规模数据分析背景下的一项充满挑战性和重要性的任务。

为了提高响应速度，部署在各个城市群的专业库在物理设计阶段，可以采用两种优化结构：冗余优化结构和非冗余优化结构[6]。冗余优化结构如物化视图和索引，虽然需要额外的存储成本和维护开销，但与非冗余优化结构相比，更加灵活。物化视图的基本观点很简单，包括预计算、缓存和增量求值，物化视图通过避免重复计算开销昂贵的查询操作来提升性能。受存储空间和视图维护代价的限制，无法将资源模型涉及的视图全部物化，而缩小查询响应时间的需求要求物化尽可能多的视图。

在分布式环境下，可将查询结果的物化视图存放于查询发起者附近的城市群站点，以降低网络传输成本，与此同时，当业务数据基表发生变化时，物化视图需要相应地进行更新。该过程涉及不同的资源约束条件，如网络存储代价限制、网络带宽等。合理部署业务数据、选择合理的物化视图集合能大幅提高查询处理效率，但针对物化视图选择问题（View Selection Problem，VSP），已有的研究大多集中在集中式环境下。目前，物化视图在分布式环境下的研究很少[7-10]，但重要性日益凸显，分布式环境下的 VSP 属于 NP-hard 问题[7]。

据此，利用物化视图技术，提出一种基于蛙跳算法的分布式业务科技资源部署方法。

1）分布式科技资源部署方法

如前所述，合理部署业务数据及选择合理的物化视图集合能大幅提高查询处理效率。集中式环境下的 VSP 有不同解法[11-12]，VSP 确定性解法得到了深入的研究。随着问题规模的增大，VSP 的固有难度使随机优化算法成为更优选择[13]。进化算法、群智能算法等算法及其变体已运用于该领域，相关研究已表明启发式算法能够有效求解 VSP。但这些启发式算法本身并不能保证解的质量，其效果取决于很多因素，主要包括正确的问题定义、算法的设置及合理完善的算法参数调整机制[14]，因而 VSP 仍有改进空间。

混合蛙跳算法（Shuffled Frog Leaping Algorithm，SFLA）[15]是一种基于种群的亚启发式协同搜索算法，已在诸多领域得到应用，如水管网优化问题、电力系统优化问题、旅行商问题、分类问题、数据聚类问题等[13]。定量研究表明，SFLA 已在不同领域胜过其他优化算法[13]，但介绍将 SFLA 用于求解 VSP 的文献尚少。

本章提出一种基于 SFLA 的解决方案求解分布式物化视图选择问题（DVSP），对 SFLA 的改进包括：①针对 DVSP 的性质，在局部搜索过程中使用 GA 重组算子替换基本蛙跳规则；②针对约束环境，扩展了 GA 变异算子；③提出启发式修复策略以处理不可行解。目标是通过物化视图技术提高分布式业务科技资源的查询处理效率，即在不同的城市群站点部署合适的业务数据，以及选择合适的视图集合进行物化，以达到优化查询成本、视图维护成本、视图存储成本、网络传输成本的目的。

2）分布式数据部署问题

采用 AND-OR 图表示框架，对物化视图空间进行建模。AND-OR 图能简洁地表达单查询不同的查询计划、多查询的公共子表达式[8]。首先给出 AND-OR 图的定义[11]，并辅以基准数据集 TPC-DS[16]中的一个查询实例 $Q42$ 作为实例，然后对 DVSP 进行形式化定义。

**定义 3** （A-DAG 表达式）给定一个查询 $Q$，A-DAG 表达式是一个有向无环图 $G = (V(G), E(G))$，满足以下条件：

（1）该图以 $Q$ 为源点，以基表 $b$ 为汇点，即 $\deg^-(Q) = 0, \deg^+(b) = 0$。

（2）若节点 $v_0$ 有到节点 $v_1, v_2, \cdots, v_k$ 的出边，即 $(v_0, v_i) \in E(G), i = 1, 2, \cdots, k$，则需要全部 $v_1, v_2, \cdots, v_k$ 方可计算 $v_0$，该依赖关系由一个半圆弧表示，称为 AND 弧。AND 弧与一个 $k$ 元运算符 $op_t$ 相对应，如 Join、Union、Aggregation[11]等，记 $\text{AND}(v_0) = op$，运算符 $op$ 的参数为 $v_1, v_2, \cdots, v_k$，记 $Aug(op) = \{v_i | i = 1, \cdots, k\}$。

（3）与 AND 弧关联的查询代价和维护代价分别为 $q(\text{AND}(v_0))$ 和 $u(\text{AND}(v_0))$。

**定义 4** （AO-DAG 表达式）给定一个查询 $Q$，AO-DAG 表达式是一个有向无环图 $G = (V(G), E(G))$，满足以下条件：

（1）该图以 $Q$ 为源点，以基表 $b$ 为汇点。

（2）若节点 $v_0$ 有 $k(k \geq 1)$ 个 AND 弧，每条 AND 弧对应一组出边。$k$ 个 AND 弧表示有 $k$ 种方式计算 $v_0$，对应一个 OR 弧。记 $OR(v_0) = \{\text{AND}_i(v_0) | i = 1, \cdots, k\}$。

图 4-7 为 AO-DAG 表达式的示例，$v_0$ 有 2 种计算方式，可通过 $v_1$、$v_2$、$v_3$ 或通过 $v_3$、$v_4$、$v_5$ 计算。

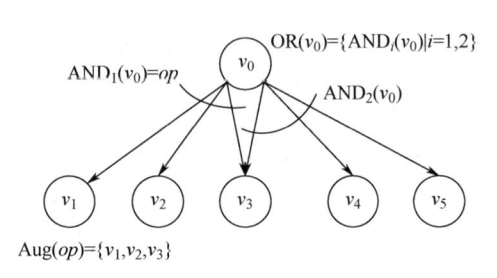

图 4-7　AO-DAG 表达式

**定义 5** （AND-OR 图）有向无环图 $G = (V(G), E(G))$ 称为查询集 $Q$ 的 AND-OR 图，如果对任意 $Q_i \in \mathcal{Q}$，$G$ 中存在一个子图 $G_i$，且 $G_i$ 是 $Q_i$ 的 AO-DAG 表达

式，则 AND-OR 图中每个节点 $v$ 都称作一个视图，并附有参数占用空间 $size_v$。

现以基准数据集 TPC-DS[16]的查询 $Q42$ 为例，说明查询集 $Q = \{Q42\}$ 的 AND-OR 图。$Q42$ 涉及 date_dim、store_sales 和 item 3 张基表，SQL 语句如图 4-8 所示。$Q42$ 计算在特定年份和特定月份，对于每项商品，商店交易扩展销售价格的总和。图 4-9 所示为 $Q42$ 的 AND-OR 图，图中使用的关系代数表示方法与文献相同，其中 $\sigma$ 表示选择，$\bowtie$ 表示连接，$\mathcal{G}$ 表示聚合。为简便起见，图中省略了投影、排序和限制，因为上述操作的输入和输出均为单个节点，所以图 4-9 中每个圆形都代表查询计划中的一个节点，灰色节点为基表，任意一个中间节点都可以被物化。节点 $v$ 表示 $date\_dim \bowtie store\_sales \bowtie item$，由于连接运算的可结合性，$v$ 存在两种计算方式：$(date\_dim \bowtie store\_sales) \bowtie item$ 和 $date\_dim \bowtie (store\_sales \bowtie item)$。在单查询条件下成本较高的计算方式，在多查询条件下反而可能成为更优的选择，这是因为多查询条件下可以复用查询公共子表达式。

```sql
select  dt.d_year
        ,item.i_category_id
        ,item.i_category
        ,sum(ss_ext_sales_price)
 from   date_dim dt
        ,store_sales
        ,item
 where  dt.d_date_sk = store_sales.ss_sold_date_sk
        and store_sales.ss_item_sk = item.i_item_sk
        and item.i_manager_id = 1
        and dt.d_moy=12
        and dt.d_year=1998
 group by   dt.d_year
            ,item.i_category_id
            ,item.i_category
 order by   sum(ss_ext_sales_price) desc,dt.d_year
            ,item.i_category_id
            ,item.i_category
limit 100 ;
```

图 4-8　$Q42$　SQL 语句

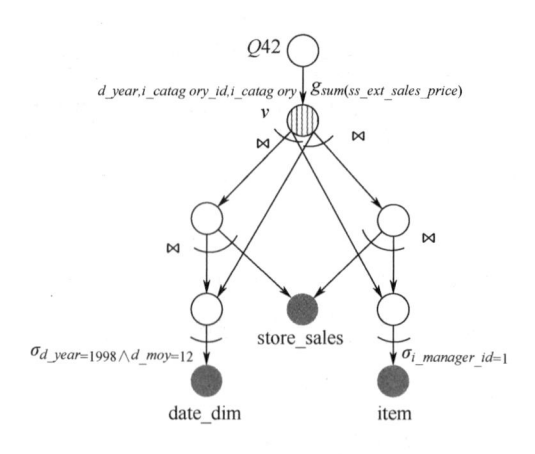

图 4-9  $Q42$ 的 AND-OR 图

在分布式环境下，假定存在 $|S|$ 个互联站点 $S=\{s_1,s_2,\cdots,s_{|S|}\}$，每个站点存在不同的存储代价限制，以向量 $SCV_{|S|\times 1}^{Limit}$ 表示，$SCV_i^{Limit}$ 表示站点 $s_i$ 的存储代价限制。站点间网络带宽各不相同，以矩阵 $BWM_{|S|\times|S|}$ 表示，$BWM_{i,j}$ 表示站点 $s_i$ 与站点 $s_j$ 之间的带宽。查询发起者向邻近站点发出查询请求，当查询结果的物化视图刚好存放于该站点时，响应速度最快。但由于站点存储代价受限，所以无法将所有查询结果物化。与此同时，当基表发生变化时，物化视图需要进行更新，可采取全量维护或增量维护的方式。不同站点的查询频率各不相同，不同视图的更新频率也各不相同，查询频率以矩阵 $QFM$ 表示，更新频率以向量 $UFV$ 表示。因此，需要在合适的站点选择合适的视图进行物化，以达到优化查询成本、视图维护成本、视图存储成本、网络传输成本的目的，即分布式物化视图选择问题（Distributed View Selection Problem，DVSP）。DVSP 的一个解决方案如图 4-10 所示，图中虚线表示物化节点与站点间的映射关系，如 $v_a$ 存放于站点 $s_k$。

**定义6** （分布式物化选择问题DVSP）给定一个 $AND\text{-}OR$ 图，$G=(V(G),E(G))$，网络中的互联站点 $S=\{s_1,s_2,\cdots,s_{|S|}\}$，

（1）查询频率矩阵 $QFM_{|S|\times|V(G)|}$，其中 $QFM_{i,j}$ 表示 $v_j\in V(G)$ 在站点 $s_i\in S$ 的查询请求频率；

## 第 4 章 分布式资源巨系统及资源协同模型

（2）更新频率向量 $UFV_{1\times|V(G)|}$，其中 $UFV_j$ 表示 $v_j \in V(G)$ 的更新频率；

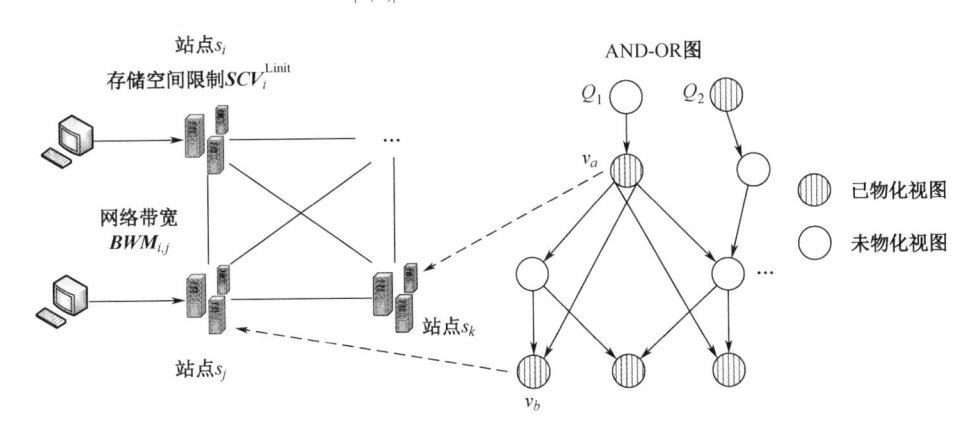

图 4-10 分布式物化视图选择

（3）网络带宽矩阵 $BWM_{|S|\times|S|}$，其中 $BWM_{i,j}$ 表示站点 $i$ 与站点 $j$ 之间的带宽，$BWM$ 为对称矩阵；

（4）视图存储空间向量 $SSV_{|V(G)|\times 1}$，其中 $SSV_j$ 表示视图 $j$ 的占用空间；

（5）站点的存储代价限制向量 $SCV_{|S|\times 1}^{\text{Limit}}$，其中 $SCV_i^{\text{Limit}}$ 表示站点 $i$ 的存储代价限制；

（6）维护代价限制 $UC^{\text{Limit}}$。

选择视图存储映射向量 $SMV_{|V(G)|\times 1}$，$SMV_j = i, 1 \leq i \leq |S|$ 表示将视图 $v_j \in V(G)$ 物化并存放于站点 $s_i$，$SMV_j = 0$ 表示视图 $v_j \in V(G)$ 未被物化。

在不超过各站点视图存储代价限制且视图总维护成本不超过 $UC^{\text{Limit}}$ 的情况下，使查询总代价与维护总代价加权和最小，即：

$$\begin{aligned}
\text{Minimize} \quad & \sum_{i=1}^{i=|S|}\left(QFM \cdot QCM^{SMV}\right)_{i,i} + \omega UFV \cdot UCV^{SMV} \\
\text{Subject to} \quad & \forall 1 \leq i \leq |S|, \sum_{SMV_j=i} SSV_j \leq SCV_i^{\text{Limit}} \\
& UFV \cdot UCV^{SMV} \leq UC^{\text{Limit}}
\end{aligned} \quad (4\text{-}4)$$

式中，$QCM_{|V(G)|\times|S|}^{SMV}$ 和 $UCV_{|V(G)|\times 1}^{SMV}$ 分别表示使用视图存储映射向量 $SMV$ 方案所产生的查询成本矩阵和维护成本向量。$QCM_{j,i}^{SMV}$ 表示在 $SMV$ 方案下，站点 $s_i$ 为响应查询

发起者对 $v_j$ 的请求所产生询成本。$(QFM \cdot QCM^{SMV})_{i,i}$ 表示在 **SMV** 方案下，站点 $s_i$ 产生的查询总成本，其中不同查询的请求频率各不相同。$\sum_{i=1}^{i=|S|}(QFM \cdot QCM^{SMV})_{i,i}$ 表示在 **SMV** 方案下，所有站点产生的查询总成本。$UCV_j^{SMV}$ 表示在 **SMV** 方案下 $v_j$ 的维护成本。$UFV \cdot UCV^{SMV}$ 表示在 **SMV** 方案下，所有视图产生的维护总成本。$\omega$ 为查询代价和维护代价的重要性权重。

3. 分布式科技资源的协同调度

调度问题是分布式科技资源按需服务的核心问题之一。与传统的科技资源检索服务相比，分布式科技资源按需服务在服务任务、服务过程、科技资源和服务效能等方面都存在较大差异。从科技资源服务任务来看，它是由实体经济产业的服务需求驱动的，随着服务需求的动态拓展、转移和组合，在服务主体和实体产业客体交互过程中不断更新和完善；从服务过程来看，科技资源云服务是一种按用户需求定制的服务模式，其调度问题不再是简单地检索与资源匹配，而要考虑服务过程的柔性与动态组合性；从科技资源本身来看，它分布于全国各地、各行业和各单位等不同地理位置的异构系统中，跨企业的资源调度需要考虑不同企业的资源服务能力、响应速度和负载能力问题；从服务能效看，不仅需要考虑影响和制约科技资源服务能力和效能最大化的成本和效率等基本因素，还需考虑其服务于实体产业的及时性和均衡性等重要影响要素。因此，科技资源按需服务的动态性、不确定性和协同性使得解决其分布式环境下的调度问题更加困难。

1) 分布式科技资源服务调度问题分析

科技资源服务的调度按照资源类型不同可分为计算资源调度和科技资源调度两大类。科技服务平台中计算资源位于云平台的计算中心，主要为上层科技资源的管控和运行提供底层的计算和存储环境，是科技资源调度的基础。也就是说，科技资源服务的调度是科技资源与实体产业科技服务任务之间的组合匹配过程，调度系统位于云端的科技服务平台中，调度系统与分布于各地各行业的巨大科技资源之间通过互联网进行信息交互，这就导致了云端调度系统难以对分布在不同

## 第4章 分布式资源巨系统及资源协同模型

地理位置、具有不同实时状态的科技资源发生的动态干扰和不确定事件做出及时有效的响应。因此，分布式科技资源服务调度问题的特点可总结如下：

（1）多任务交互执行。科技服务是一种面向需求的科技资源分布式汇聚和按需分享的服务模式，在服务业与实体产业深度融合的背景下，与实体产业科技服务任务进行调度和匹配的不再是传统的科技资源，而是科技服务。由于科技服务系统与实体经济产业之间、科技服务系统内部之间的组成与关系均很复杂，且科技服务过程中涉及大规模资源交叉、融合、跨语言关联和关系的动态演化。因此，服务需求驱动下的科技服务活动形成了多任务交互执行的协作网，科技服务具有较强的柔性。

（2）服务响应的不确定性。在分布式科技服务环境下，科技资源通过分布式汇聚、虚拟化封装和服务化共享后形成科技服务，并且在云端的服务云池中被统一管控和运行。而科技服务所映射的科技资源分布在各地／各行业／各单位资源系统中。因此，分布式科技服务任务调度过程中不仅要考虑服务之间的关联协作关系，还要考虑服务任务在分布式科技资源之间的传输时间，如科技资源的实时状态变化、服务需求发起的不确定性，服务执行时间的随机性。

（3）资源分配的不均衡性。科技服务需要围绕实体产业产品生命周期不同阶段的业务活动配置合理的科技资源，然而需求驱动下的科技资源服务活动形成多任务交互执行的协作网，并且一个服务活动可同时发生在多个服务任务执行过程中，随着任务的形成发展而动态衍生变化，以及随着实体产业服务需求变化进行服务任务的拓展、收缩和重点转移。这些动态和不确定因素会严重影响服务资源分配的均衡性。

在分布式科技服务环境下，实体产业用户根据自己的服务需求向科技服务平台提交服务任务。科技服务云平台及时解析服务任务，并根据云平台中科技资源的状态信息和实体产业科技服务任务的实时信息，调动分布式科技资源云池中的科技资源，形成最优的服务任务执行方案，并将其提交到平台进行执行，以完成知识服务任务的调度过程。在整个调度过程中，多服务任务交互执行，任务之间的存在复杂的关联协作关系,且随着分布式科技资源池规模的动态增长,需要考虑服务任务在分布式科技资源之间的响应时间,同时大量动态和不确定因素会严重影响服务调度的能力和效果。因此,本书主要针对在提高服务效率的同时解决科技资源服务响应的不确定性和节点负载不均衡引起的科技资源分配不合理的问题。

2)科技服务优化调度模型

(1)分布式科技资源服务响应的不确定性建模。

实体产业用户服务业务流程中对科技资源服务的调用关系错综复杂,尤其当一个资源服务被多个业务流程调用,且这些业务流程同时运行时,就会出现并发访问。不同的资源服务场景下,实体产业用户的访问频率、并发概率和响应时间都存在着一定程度的波动和不确定性,并且在科技资源服务过程中,不同的服务流程访问频率与其业务流程的顺序、选择、并行和循环等不同结构密切相关。因此,科技资源服务响应的不确定性可以用服务的访问频率来描述。其相关数学符号如表4-1所示。

表4-1 分布式科技资源服务响应建模符号及描述

| 符号 | 描述 |
| --- | --- |
| $n$ | 服务业务个数 |
| $m$ | 总服务资源数量 |
| $s$ | 任一服务业务流程 |
| $\sigma_i$ | 执行服务任务 $i$ 概率 |
| $\eta_{ij}$ | 第 $i$ 个服务任务调用第 $j$ 个虚拟资源的概率 |
| $\rho_s$ | 服务业务被访问的概率 |
| $\gamma_s$ | 任一流程分支被选择的概率 |

假设科技服务中心在执行某一项服务任务时,有 $J$ 项虚拟资源供 $I$ 个子任务调用,且这些子任务根据服务进程在特定的节点上完成,则该服务任务执行流程的概率为:

$$\rho_s = \sum_{j=1}^{m}\sum_{i=1}^{n} \sigma_i \eta_{ij} \quad 1 \leqslant i \leqslant I \quad 1 \leqslant j \leqslant J \qquad (4\text{-}5)$$

## 第4章 分布式资源巨系统及资源协同模型

当多服务任务交互执行时，并发访问在资源服务调用中经常发生，为完成某项任务，会涉及调用多个资源服务流程，当流程中存在选择结构，且一个流程分支覆盖并发访问服务时，则并发访问服务的概率为：

$$P_b = \sum_{s=1}^{S} \rho_s \gamma_s \quad 1 \leqslant s \leqslant L[0,1] \qquad (4\text{-}6)$$

当服务流程中所有选择分支均覆盖当前并发访问的服务，则并发访问服务的概率为：

$$P_b = \sum_{s=1}^{S} \rho_s \quad 1 \leqslant s \leqslant L \qquad (4\text{-}7)$$

（2）资源分配不均衡性建模。

假设某一项服务任务 $T = \{t_1, t_2, \cdots t_n\}$ 需要调用 $n$ 项子任务完成，能够提供服务的分布式虚拟科技资源总数为 $m$，这些子任务按照服务业务总流程和资源需求在不同任务环节上完成，每个节点在某一时刻只能执行一项服务任务且所有分布式资源互不干扰，并行执行，服务任务相互独立。则定义任务 $t_i$ 调用科技资源 $r_j$ 的预期完成时间为：

$$\text{Rt}_{ij} = \frac{\text{GI}_i}{\text{SR}_j} \qquad (4\text{-}8)$$

式中，$\text{GI}_i$ 为服务任务 $t_i$ 的总指令长度，$\text{SR}_j$ 为科技资源 $r_j$ 被分布式调用指令的执行速度。

定义 $n$ 个不同服务任务调度 $m$ 项分布在异地的虚拟资源的平均负载为：$n$ 个服务任务总指令长度与 $m$ 个虚拟资源被分布式调度总指令执行速度的商，即总服务任务完成时间为：

$$\Omega = \frac{\sum_{i=1}^{n} \text{GI}_i}{\sum_{j=1}^{m} \text{SR}_j} \qquad (4\text{-}9)$$

对于上述调度方案，服务资源被调用的负载均衡度可定义为：

$$\Pi = \sqrt{\frac{1}{m} \sum_{j=1}^{m} (\Omega_j - \Omega)^2} \qquad (4\text{-}10)$$

式中，$\Omega$ 为总服务任务完成时间，$\Omega_j$ 为调用服务资源 $r_j$ 的任务完成时间，很明显，$\Pi$ 越小，说明该服务调度任务负载越均衡。

（3）多目标优化调度模型。

在考虑分布式科技资源服务响应不确定性和资源分配不均衡性问题的基础上，搭建了包括服务效率、响应时间和资源调用负载均衡度的多目标优化调度数学模型。

在分布式环境下，若用 $r_j^i$ 表示服务节点 $i$ 执行子任务 $j$ 的状态，$N$ 表示服务任务包含的子任务，$M$ 表示为服务任务提供的科技资源总数，则资源服务活动过程中资源服务的状态集合 $R = (r_j^i)_{M \times N}, 1 \leqslant i \leqslant M, 1 \leqslant j \leqslant N$，并且 $R$ 由服务节点执行任务时的服务效率集合 $Se = \{se_j^i\}_{M \times N}, 1 \leqslant i \leqslant M, 1 \leqslant j \leqslant N$、响应频率集合 $Pt = \{pt_j^i\}_{M \times N}, 1 \leqslant i \leqslant M, 1 \leqslant j \leqslant N$ 和负载均衡度集合 $\Pi = \{\pi_j^i\}_{M \times N}, 1 \leqslant i \leqslant M, 1 \leqslant j \leqslant N$ 组成。其中，$se_j^i$ 为服务节点 $i$ 执行调度任务 $j$ 的服务效率；$pt_j^i$ 为服务节点 $i$ 执行资源调度任务 $j$ 时的响应时间；$\Pi_j^i$ 为服务节点 $i$ 执行资源调度任务 $j$ 时的服务效率负载均衡度；则任一资源服务节点执行任务时的服务状态表示为：

$$r_j^i = \{se_j^i, pt_j^i, \Pi_j^i\} \tag{4-11}$$

记 $N$ 项服务任务映射的科技资源集合为 $X = \{x_1, x_2, \cdots, x_N\}$，$x$ 为某一项服务子任务调用的科技资源，则考虑了分布式科技资源服务响应不确定性和资源分配不均衡性的多目标优化调度数学模型为：

$$\begin{cases} \min F(x) = (R, X) = (Se(x), Pt(x), \Pi(x)) \\ s.t. \begin{array}{l} x_j \in X \text{且} x \leqslant M, \\ Se_j^i \geqslant Se_{\min} \\ 0 \leqslant Pt_j^i \leqslant Pt_{\max} \\ 0 \leqslant \Pi_j^i \leqslant \Pi_{\max} \end{array} \end{cases} \tag{4-12}$$

式中，$Se_{\min}$ 为符合用户需求的最低服务效率值，$Pt_{\max}$ 为某一科技资源节点所能承受的最大服务响应时间，$\Pi_{\max}$ 为某一科技资源节点所能承受的最高负载均衡度。

设用户请求科技资源的服务效率、负载均衡度和响应频率的权重分别为 $\omega_{se}$、

## 第4章 分布式资源巨系统及资源协同模型

$\omega_\Pi$、$\omega_{Pt}$,且 $\omega_{Se}+\omega_\Pi+\omega_{Pt}=1$。则在考虑用户需求目标权重的条件下的科技资源优化调度模型为:

$$F(x)=\omega_{Se}Se(X)+\omega_{Pt}Pt(X)+\omega_\Pi\Pi(X) \tag{4-13}$$

3) 基于多群落协作搜索的科技服务动态调度算法

(1) 多群落双向驱动进化机制。

大规模任务调度问题往往涉及更多的决策变量和优化目标,且伴随系统、用户需求和调度目标等环境的变化,其本质是更为复杂的多目标优化问题。而粒子群算法可以在迭代过程中维持潜在解的种群,能够根据环境变化不断调整种群的适应度,更容易适应环境变化。因此,面对多任务调度问题的不确定性、复杂性,本书改进和拓展种群寻优模式,将高维解空间划分为低维多任务搜索子空间,引入一种由普通群落和模范群落组成多群落交互网络,建立不同搜索任务与协作种群之间的信息交互及关联规则;并根据环境不断优化种群的适应度,提高算法对高维多任务变化的适应能力。在此基础上,制定不同群落间的异步并行搜索策略,减少群落进程间通信,通过群落间的驱动进化机制[17]实现高效搜索,提高算法对任务调度问题的优化能力。则多群落双向驱动协同进化规则为:

**规则1**:粒子群落内进化规则。在多群落协同进化过程中,单个群落内的粒子可进行速度、位置的更新迭代优化,并在群落内产生全局最优值。

$$\begin{cases}v_{id}^{t+1}=\omega\cdot v_{id}^t+c_1\cdot r_1\cdot(P_{id}^t-x_{id}^t)+c_2\cdot r_2\cdot(P_{gd}^t-x_{id}^t)\\ x_{id}^{t+1}=x_{id}^t+v_{id}^{t+1}\quad i=1,2,\cdots,m\quad d=1,2,\cdots,D\end{cases} \tag{4-14}$$

式中,$t$ 为粒子搜索的迭代次数,$\omega$ 为惯性权重,$c_1=c_2=2$ 为加速常数,$r_1$ 和 $r_2$ 为两个在[0,1]范围内变化的随机函数。

**规则2**:群落间双向驱动协同进化规则。

**规则2.1**:$\forall(r_1:\langle\text{CC}_i,\text{MC}_j\rangle)\in R$,$\exists\ g_{\text{best}i}=\max\{g_{\text{best}1},g_{\text{best}2},\cdots,g_{\text{best}m}\}$,$G_{\text{best}j}=\min\{G_{\text{best}1},G_{\text{best}2},\cdots,G_{\text{best}n}\}$ 且 $g_{\text{best}i}\geqslant G_{\text{best}j}$,其中普通群落记作 $g_{\text{best}i}$,模范群落记作 $G_{\text{best}j}$,则 $g_{\text{best}i}$ 中粒子 $\text{CC}_i$ 进入 $G_{\text{best}j}$,而 $G_{\text{best}j}$ 中排在最末位的群落 $MC_j$ 被淘汰。

同时，将模范学习因子 $Pn$ 引入 $g_{besti}$ 内部进化规则，则新迭代进化公式为：

$$\begin{cases} v_{id}^{t+1} = \omega \cdot v_{id}^t + c_1 \cdot r_1 \cdot (P_{id}^t - x_{id}^t) + c_2 \cdot r_2 (P_{gd}^t - x_{id}^t) + c_3(P_{nd}^t - x_{id}^t) \\ x_{id}^{t+1} = x_{id}^t + v_{id}^{t+1} \quad i = 1,2,\cdots,m \quad d = 1,2,\cdots,D \end{cases} \quad (4\text{-}15)$$

式中，$P_{nd} = \dfrac{\sum_{i=1}^{n} G_{besti}}{n}$，$c_3$ 为随机函数，并满足算法收敛性约束条件：$c_1 r_1 + c_2 r_2 + c_3 \in [0,4]$。

规则 2.2：$\forall (r_2 : \langle \mathrm{MC}_i, \mathrm{MC}_j \rangle) \in R$，∃群落节点强度 $S_{\mathrm{MC}_i}$[17]，对任意 $S_{\mathrm{MC}_j}$，均满足 $S_{\mathrm{MC}_i} \geqslant S_{\mathrm{MC}_j}$，⇒模范群落全局最优值：$PG = G_{besti}$。

规则 2.3：$\forall (r_3 : \langle \mathrm{CC}_i, \mathrm{CC}_j \rangle) \in R$，∃群落节点强度 $S_{\mathrm{CC}_i}$，对任意 $S_{\mathrm{CC}_j}$，均满足 $S_{\mathrm{CC}_i} \geqslant S_{\mathrm{CC}_j}$，⇒普通群落全局最优值：$Pg = g_{besti}$。

（2）科技资源多服务任务调度的编码策略。

粒子群算法是面向实数连续空间的计算模型[17-19]，难以解决属于离散空间的任务调度问题。因此，采用二进制对粒子的速度和位置进行编码，通过重构粒子表达式实现粒子群算法到离散空间、粒子搜索空间到优化调度方案的映射。

上述算法中定义 $n$ 行 $n$ 列矩阵 $X: n \cdot n$ 为粒子的位置矢量矩阵。其中，行表示任一服务任务执行时提供科技资源的情况，列表示调度过程中服务任务的分配情况，任一粒子代表调度方案某个科技服务任务调度问题的潜在解。则粒子位置的编码为：

$$X = \begin{bmatrix} x_{11} & x_{12} & \cdots & x_{1n} \\ x_{21} & x_{22} & \cdots & x_{2n} \\ \vdots & \vdots & \ddots & \vdots \\ x_{n1} & x_{n2} & \cdots & x_{nn} \end{bmatrix} \quad (4\text{-}16)$$

式中，$x_{ij} \in \{0,1\}$，$\sum_{j=1}^{n} x_{ij} = 1$。

由编码方案知：

根据约束条件可知，位置矩阵 $X$ 中每一行都有且只有 1 个元素值为 1，表示

## 第 4 章　分布式资源巨系统及资源协同模型

科技资源 $X$ 分配到服务任务 $R$ 中执行。同时，每个科技资源都可以同时被多个服务任务调用，且不能中断任一科技服务任务的执行。

定义速度 $V : n \times n$ 如式（4-17）所示，表示粒子对执行任务分配情况的基本交换次序。

$$V = \begin{bmatrix} v_{11} & v_{12} & \cdots & v_{1n} \\ v_{21} & v_{22} & \cdots & v_{2n} \\ \vdots & \vdots & & \vdots \\ v_{n1} & v_{n2} & \cdots & v_{nn} \end{bmatrix} \quad (4\text{-}17)$$

$v_{ij} \in \{0,1\}$，$v_{ij} + v_{ji} = 0$ 或 1。

定义算法中的加、减、乘运算为 $\Theta$、$\theta$、$\oplus$ 和 $\otimes$ 的交换操作，具体运算规则为：

① $A \cdot \theta \cdot B$：表示在位置矩阵 $A$ 与速度矩阵 $B$ 中，$\exists x_{ij} = v_{ij} \Rightarrow x_{ij} = v_{ij} = 0$，反之为 1；$\exists x_{ij} = v_{ij+n} = 1 \Rightarrow v_{ij+n} = 0$。

② $A \Theta B$：表示在位置矩阵 $A$ 与速度矩阵 $B$ 中，$\exists v_{i1}, v_{i2}, \cdots, v_{in} = 0 \Rightarrow v_{ii} = 0$，其他元素随机取 0 或 1。

③ $c_i \otimes B$：表示依据随机数 $c_i$ 的对应概率值来确定粒子是否与矩阵 $B$ 进行 $\Theta$ 操作。

④ $A \oplus B$：表在位置矩阵 $A$ 与速度矩阵 $B$ 中，$\forall x_{ia} = 1$，$x_{jb} = 1$，$\exists v_{ij} = 1 \Rightarrow x_{ib} = 1$，$x_{ja} = 1$。

依据上述交换操作规则定义，式（4-15）可更新为：

$$\begin{cases} v_{id}^{t+1} = v_{id}^{t} \Theta c_1 \otimes \left( P_{id}^{t} \cdot \theta \cdot x_{id}^{t} \right) \Theta c_2 \otimes \left( P_{gd}^{t} \cdot \theta \cdot x_{id}^{t} \right) \\ x_{id}^{t+1} = x_{id}^{t} \oplus v_{id}^{t+1}, i = 1,2,\cdots,m; d = 1,2,\cdots,D \end{cases} \quad (4\text{-}18)$$

所制定编码方案简单可行，符合科技资源多服务任务调度要求，并且清晰描述了粒子种群进化空间与服务任务调度方案间的映射关系，较好地避免了粒子进化过程中的重复搜索。

（3）基于多群落协作搜索的科技资源服务调度优化算法

基于多群落协作搜索算法及其编码方案，分布式科技资源多服务任务优化调度过程如图 4-11 所示，具体步骤如下。

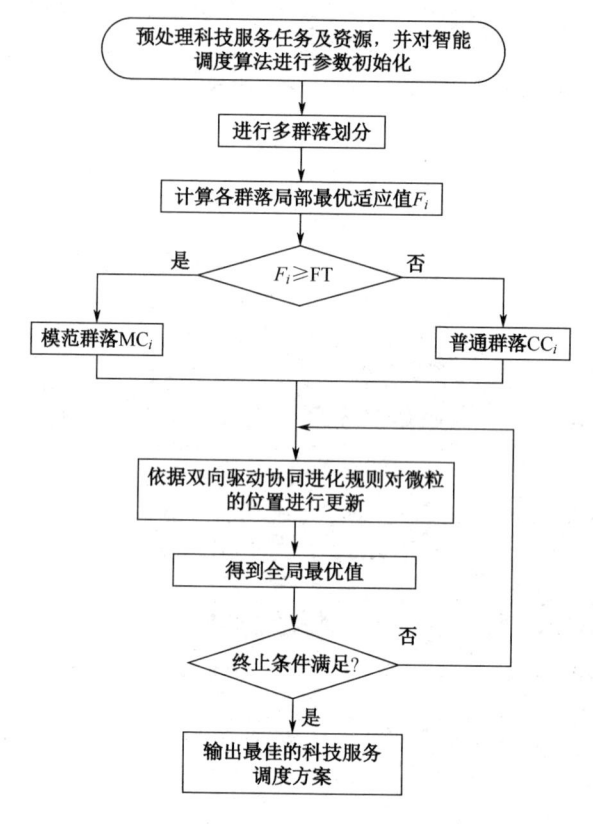

图 4-11 多服务任务优化调度流程图

**步骤 1**：种群粒子初始化。依据粒子搜索空间与任务调度方案之间的编码策略，对 $n$ 个群落进行初始化，赋予种群粒子随机位置（资源分配方案）和速度；设定群落数、群落成员内粒子迭代次数、粒子加速系数及惯性权重系数。

**步骤 2**：将初始化的种群粒子平均分配到 $q$ 个进程中，形成大小为 $\text{int}(n/q)$ 的群落，对于取整后的剩余粒子随机分配到 $q$ 个进程中，同时根据综合优化调度函数计算 $q$ 个群落中每个粒子的适应值。

**步骤 3**：将各群落分别运行于 $q$ 个进程中进行异步并行进化运算。

**步骤 4**：计算各群落适应值 $F_i$，并依据判定阈值将所有群落划分为模范群落

# 第 4 章　分布式资源巨系统及资源协同模型

和普通群落两类。

**步骤 5**：依据不同粒子种群间的交互进化机制，按照式（4-18）更新群落中粒子的位置和速度，并将模范和普通群落的全局最优位置保存到最优存储区。

**步骤 6**：若所有粒子种群均满足搜索终止条件，则算法结束，并从全局最优存储区中获取全局最优解，输出最优调度方案，否则转到步骤 5。

# 参考文献

[1] 钱学森．一个科学新领域——开放的复杂巨系统及其方法论[J]．上海理工大学学报，2011，33（06）：526-532．

[2] 樊艳．基于企业层面的新能源汽车发展战略研究[D]．南昌：南昌大学，2014．

[3] 阴艳超，张立童，廖伟智．多维知识资源云协同的服务行为建模[J]．计算机集成制造系统，2019，25（12）：3149-3159．

[4] LI Huifang, FAN Yushun. Workflow model analysis based on time Petri nets[J]. Journal of Software，2004，15（1）：17-26．

[5] http://hadoop. apache. org/

[6] BELLATRECHE L，KERKADA. Query interaction based approach for horizontal data partitioning[J]. International Journal of Data Warehousing and Mining，2015，11（2）：44-61．

[7] CHAVES LWF，BUCHMANN E. HUESKE F, et al. Towards materialized view selection for distributed databases[C]//Proceedings of the 12th International Conference on Extending Database Technology Advances in Database Technolo-gy. New York, n.y., usa:acm, 2009:1088-1099．

[8] MAMI I, BELLAHSENE Z, COLETTA R. Constraint op-timization method for large-scale distributed view selection[M]. Berlin, Germany: Springer-Verlag,

2016, 71-108.

[9] BAUER A, LEHNER W. On solving the view selection problem in distributed data warehouse architectur[C]//Proceed ings of the International Conference on Scientific and Statistical Database Management. Washington, D. C., USA: IEEE, 2003:43-51.

[10] YE Wei, GU Ning, YANG Genxing. Extended derivation cube based view materialization selection in distributed data warehouse[C]//Proceedings of the 6th International Confer-ence on Advances in Web-Age Information Management. New York,n.y.,usa:aCM,2005:245-256.

[11] GUPTA H. Selection of views to materialize in a data warehouse[J]. IEEE Transactions on Knowledge and Data Engineering,2005,17(1):24-43.

[12] YOUSRI N. A, AHMED K. M, EL-MAKKY N. M. Algorithms for selecting materialized views in a data warehouse [C]//Proceedings of the 3rd ACS/IEEE International Conference on Computer Systems and Applications. Washing- ton, D. C., USA: IEEE, 2005: 89-96.

[13] SARKHEYLI A, ZAIN A M SHARIF S. The role of basic, modified and hybrid shuffled frog leaping algorit hm on optimization problems: a review [J]. Soft Computing, 2015, 19(7):2011-2038.

[14] 林子雨，杨冬青，王腾蛟，等．实视图选择研究[J]．软件学报，2009，20（02）：193-213.

[15] EUSUFF MM. LANSEY K E. Optimization of water distribution network design using the shuffled frog leaping algorithm[J]. Journal of Water Resources Planning and Manage-ment, 2003, 129(3): 210-225.

[16] NAMBIAR RO, POESS M. The making of TPC-DS[C]//Proceedings of the 32nd International Conference on Very Large Data Bases. New York,n.y., usa:acm, 2006:289-300.

[17] Sridhar M, Babu GR M. Hybrid Particle Swarm Optimization scheduling for cloud computing[C]//Advance Computing Conference. IEEE, 2015: 1196-1200.

[18] 李静梅,张博. 基于粒子群优化算法的异构多处理器任务调度[J]. 计算机工程与设计,2013,34(2):627-631.

[19] 邢科义,康苗苗,郜振鑫. 柔性制造系统的改进粒子群无死锁调度算法[J]. 控制与决策,2014,29(08):1345-1353.

# 第 5 章 分布式科技资源体系构建实现

## 5.1 科技资源来源分析

以北京万方软件股份有限公司中外文科技文献知识库拥有近 30 年积累的超过 8 亿条专业科技资源,以及第三方产业价值链协同平台积累的 13 000 余家企业 10 余年的价值链协同业务流程和业务数据为基础,结合城市群任务需求和企业的实际需求,构建科技资源体系。第三方产业价值链协同平台为整机制造企业与其上下游协作企业搭建了业务协作的桥梁。

在长期运行过程中,积累了大量价值链协同业务数据,并且与多家整机制造企业的内部系统相集成,如图 5-1 所示,相同流程的数据字段基本相同,存在映射转换方案。以物流协同中的单量份配送(Set Parts Supply,SPS)模式[1]为例,整机制造企业内部系统提供的数据接口均包括物料信息、供应商信息、供应关系信息、供应商结算信息、车辆上线信息、配套发料信息等信息。

在各主流供应商提供的业务流程解决方案存在共性的基础上,通过数据智能的手段,向产业集群提供知识化业务流程服务。虽然本文所依托的第三方产业价

## 第 5 章　分布式科技资源体系构建实现

值链协同平台积累的业务数据来源于汽车行业,但由于汽车行业是一种典型的离散型制造行业,具有产业链条长、关联度高且复杂的特点,因此本章的研究实践同样适用于离散制造行业。

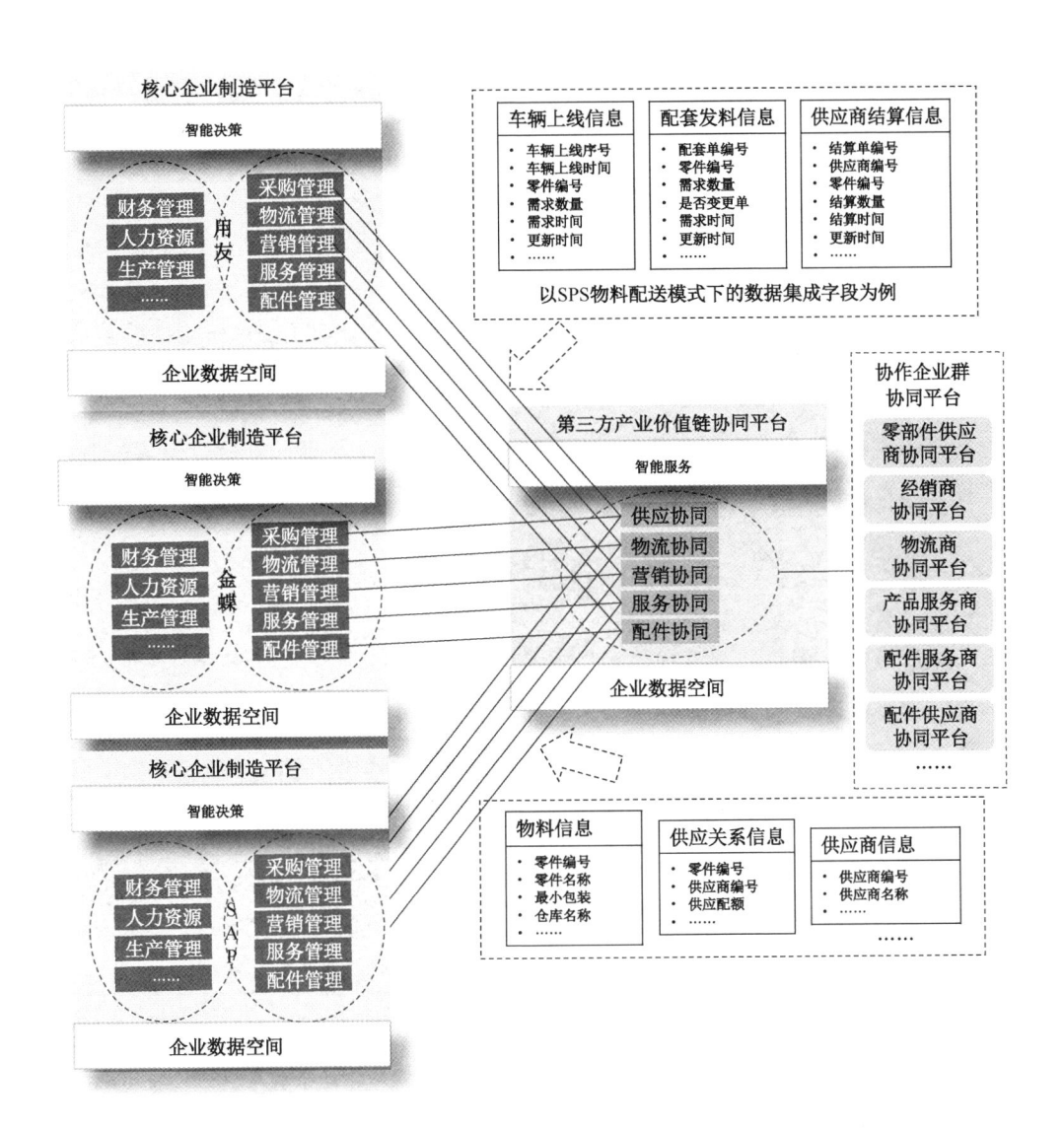

图 5-1　第三方产业价值链协同平台与业务流程主流供应商集成

## 5.2 城市群产业集群价值链活动与科技资源需求分析

产业集群的产业协同涵盖了企业供应、营销、服务、物流等多个环节,第三方产业价值链协同平台[2]在支持产业集群开展业务协同的同时,积累了大量的、具有一定共性特征的业务流程与业务数据。在此基础上,通过对业务流程与业务数据的知识化与资源化,形成业务科技资源。本节首先对产业集群的价值链协同活动展开分析,这些活动对应的价值链协同业务流程,以及由此产生的业务数据,是构建业务科技资源的基础。然后分析产业集群对领域知识的需求,从而确定产业集群中不同类型的企业需要从外部获取的知识要素,为设计针对性较强的业务科技资源提供方向。

### 5.2.1 产业集群价值链协同活动分析

从产业链上相对独立且成体系的价值活动,以及第三方产业价值链协同平台的流程和数据积累的角度出发,本章将价值链协同划分为供应链协同、营销链协同、服务链协同和配件链协同四大领域,分别给出它们的典型业务流程。

产业集群价值链是由相互之间有业务关联关系的企业所组成的价值创造链条。企业价值链[3]从企业层面出发,关注企业内部各项经营活动及这些活动之间的联系,通过提升单项经营活动的价值,优化和协调不同活动之间的联系,为企业带来竞争优势。产业集群价值链则从产业集群层面出发,关注集群内部各项企业业务协同活动及这些协同活动之间的联系,通过提升业务协同活动的价值,优化和协调不同协同活动之间的联系,为产业集群带来整体竞争优势[4]。每个企业的企业价值链,都镶嵌在整个企业集群价值链中。

# 第 5 章 分布式科技资源体系构建实现

处于产业集群价值链不同价值环节的企业，拥有不同的基本价值链。从产业集群中相对独立且成体系的价值活动的角度出发，可以将产业集群的价值链分解为供应链、营销链和服务链。不同类型的价值链条上包含特有的业务流程，如图 5-2 所示。

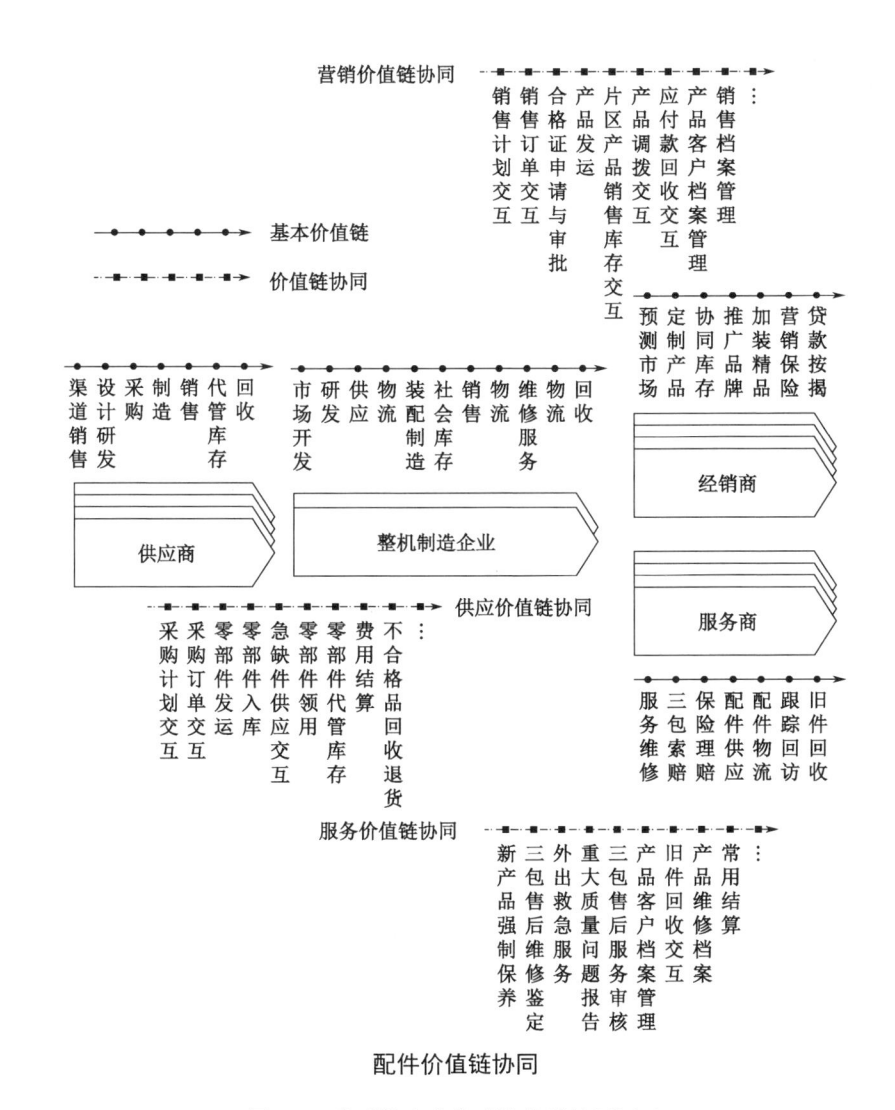

图 5-2 典型的产业集群价值链协同活动

典型的产业集群的价值链分解为供应链、营销链和服务链。相应的，价值链协同活动可以分为供应价值链协同活动[5]、营销价值链协同活动[6]和服务价值链协同活动[7]。

（1）供应价值链协同活动：由多级供应商、产品制造商等组成。以产品成品制造为核心的一系列供应协同活动，包括采购计划交互、采购订单发运、零部件交互、零部件入库、急缺件供应交互、零部件领用、零部件代管库存、费用结算、不合格品回收退货等协同业务。

（2）营销价值链协同活动：由产品制造商、多级经销商、工厂直营店、电商旗舰店、用户等组成。围绕以用户需求为导向，将产品传递到用户手中的一系列协同活动，包括销售计划交互、销售订单交互、合格证申请与审批、产品发运、片区产品销售库存交互、产品调拨交互、应付款回收交互、产品客户档案管理、销售档案管理等协同业务。

（3）服务价值链协同活动：由产品制造商、配件营销商、特约售后服务商以及用户等组成，围绕产品售出后的服务展开的一系列协同活动，包括新产品强制保养、三包售后维修鉴定、外出救急服务、重大质量问题报告、三包售后服务审核、产品客户档案管理、旧件回收交互、产品维修档案等协同业务。

（4）配件价值链协同活动：由配件供应商、整机制造企业、配件中心库或地区配件库、经销商、服务商、物流服务商等组成，围绕售后配件服务展开的一系列协同活动，包括配件需求计划、配件采购、旧件管理、配件退货处理、配件调拨等协同业务[8]。

### 5.2.2 业务科技资源需求分析

产业集群中的企业类型多样、数量众多，这些企业的创新能力普遍不高，并且面临着多种多样的问题。如何准确定位产业集群中企业对综合科技服务的需求，是构建针对性强且具有可操作性的综合科技服务体系的重点。

产业集群中不同的企业根据自身所处的价值节点不同，可以通过挖掘产生的

# 第 5 章　分布式科技资源体系构建实现

大量业务数据，获取不同的知识。根据第 1 章的论述，知识分为 Know-what、Know-why、Know-how 和 Know-who 四种类型。这些潜在的知识蕴含了企业协同管理的经验[9]，不同类型的价值链条上涉及的知识要素不同，如图 5-3 所示。

知识要素

- 当前供应链可靠性如何？
- 合理的供应商评价体系包括哪些指标？
- 如何优化供应链？
- 如何进行合理的客户细分？
- 如何增加潜客转化率？
- 向用户推荐哪款车合适？
- 从用户购车行为中能发现什么？

供应链协同
营销链协同
价值链协同
服务链协同

知识要素

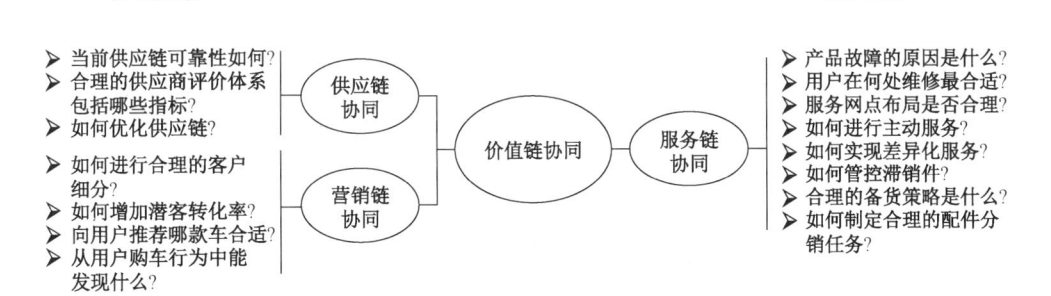

- 产品故障的原因是什么？
- 用户在何处维修最合适？
- 服务网点布局是否合理？
- 如何进行主动服务？
- 如何实现差异化服务？
- 如何管控滞销件？
- 合理的备货策略是什么？
- 如何制定合理的配件分销任务？

图 5-3　价值链协同的知识要素分析

比如，针对服务链协同中的滞销件管控问题，Know-what 意味着"哪些配件是滞销件"、Know-why 意味着"造成滞销件的原因"、Know-how 意味着"采取何种策略如何处理滞销件"、Know-who 意味着"将滞销件转让给谁（服务商）最合适"。

## 5.3　基于第三方产业价值链协同平台的科技资源系统构建

### 5.3.1　科技资源标准建立

业务科技资源的目标服务对象为产业集群，资源标准化是服务于多家企业的前提。符合特定的标准规范的业务科技资源可以通过一定的逻辑与交互进行组合，解决更复杂的问题。重用性和适用性对业务科技资源的规范标准提出了要求。笔者制定了若干业务科技资源标准，并已通过科技云服务产业技术创新战略联盟批准,成为联盟标准。这些标准面向汽车产业或类似的离散型制造业,内容包括云平台建设[10]、资源模型设计[11]、数据空间构建[12]、业务功能模块设计及业务流程设计。本小节选取典型业务科技资源标准进行说明。

(1)《制造企业整机质量分析业务科技资源标准》为整机制造企业提供了一套通用的整机质量分析标准。该标准旨在利用在产品生命周期的售后维修服务过程中产生的故障数据,实现产品质量分析,如图5-4所示。

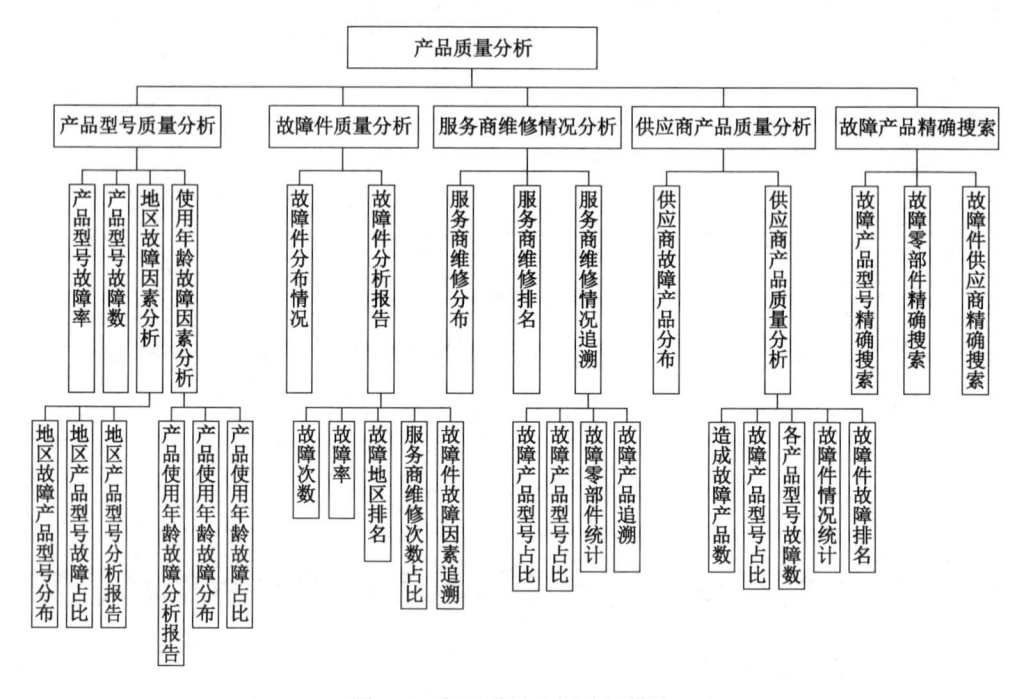

图5-4 产品质量分析功能模块

在资源模型方面,该标准包括故障产品、服务商、维修鉴定、重大质量问题等类模型及对应的数据库设计;在知识化业务流程方面,包括功能模块设计和对应的流程设计。

(2)《配件价值链社会库存分析业务科技资源标准》为配件供应商提供了一套配件价值链社会库存分析的通用标准。该标准旨在帮助配件供应商充分掌握自身渠道下的配件库存和分布情况,同时依据销售情况、库存存量情况及客户信息等

## 第 5 章　分布式科技资源体系构建实现

及时地进行库存调拨和补充。

在资源模型方面，该标准包括配件库存、配件订货、销售订货、车辆等类模型及对应的数据库设计；在知识化业务流程方面，该标准包括库存内部结构分析、库存风险分析、社会库存宏观分析和库存管控模块及对应的流程设计，其功能模块设计如图 5-5 所示。

```
                        供应商社会库存分析
    ┌──────────────┬──────────────┬──────────────┬──────────────┐
库存内部结构分析   库存风险分析    社会库存宏观分析    库存管控
```

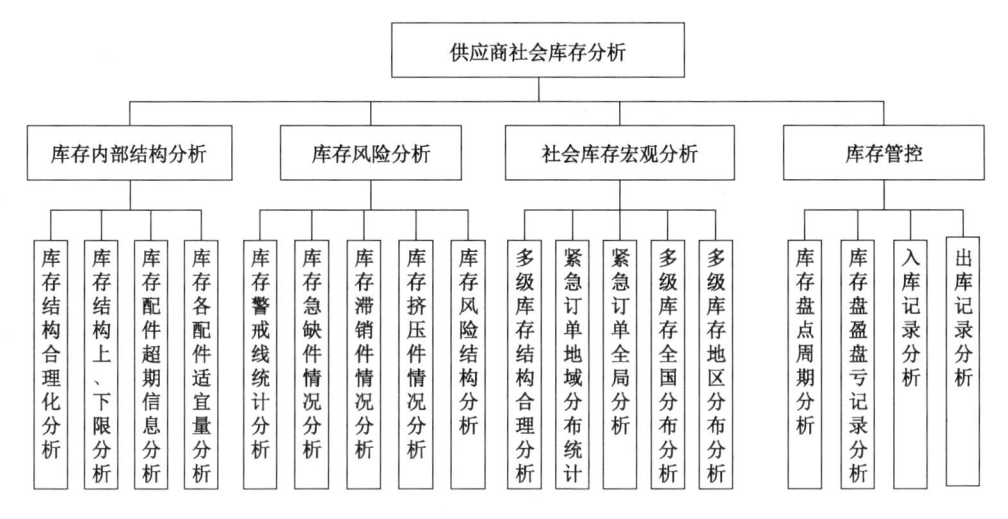

子模块：
- 库存内部结构分析：库存结构合理化分析 / 库存结构上、下限分析 / 库存配件超期信息分析 / 库存各配件适宜量分析
- 库存风险分析：库存警戒线统计分析 / 库存急缺件情况分析 / 库存滞销件情况分析 / 库存挤压件情况分析 / 库存风险结构分析
- 社会库存宏观分析：多级库存结构合理分析 / 紧急订单地域分布统计 / 紧急订单全局分析 / 多级库存全国分布分析 / 多级库存地区分布分析
- 库存管控：库存盘点周期分析 / 库存盘盈盘亏记录分析 / 入库记录分析 / 出库记录分析

图 5-5　社会库存分析功能模块

（3）《故障诊断知识库及推理业务科技资源标准》提供了一套通用的产品故障诊断知识库构建，以及诊断流程的标准。该标准旨在为服务商提供故障诊断功能，从而对产品发生的故障进行快速推理，对维修过程进行指导，从而提高维修的效率，实现大量维修案例知识再利用。

在知识化业务流程方面，故障诊断是核心功能，包括精确和模糊两种故障诊断方式。在资源模型方面，该标准包括知识库和数据字典的设计，其中，知识库是故障诊断的数据支撑，故障规则与维修案例知识可用于产品的故障诊断。数据字典则以准确、无歧义的方式提供了对产品诊断过程所需要的有关元素的一致的定义和详细的描述。其功能模块设计如图 5-6 所示。

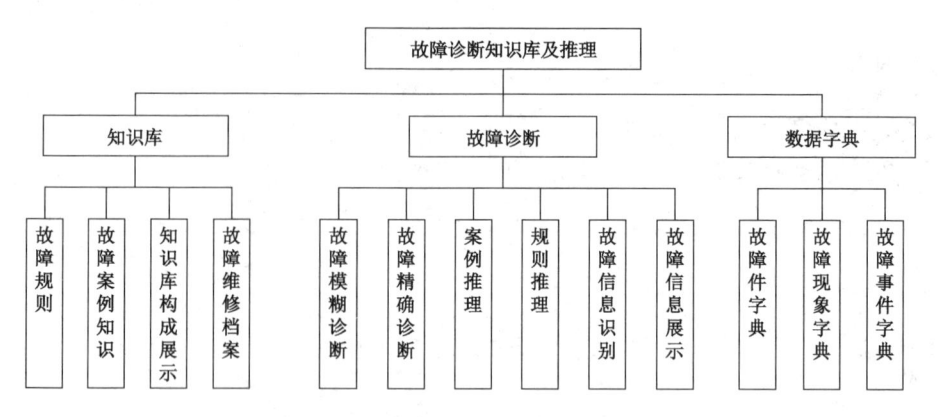

图 5-6　故障诊断知识库及推理功能模块

## 5.3.2　基于第三方产业价值链协同平台的科技资源系统设计与构建

本节从价值链节点和需求这两个维度，对业务科技资源进行设计，如图 5-7 所示。产业集群中处于不同价值链节点的企业，对于相同的需求维度，有着不同的知识化服务需求。例如，整机制造企业希望针对产品进行质量评价，相应地，可以构建面向整机制造企业的产品质量评价业务科技资源。

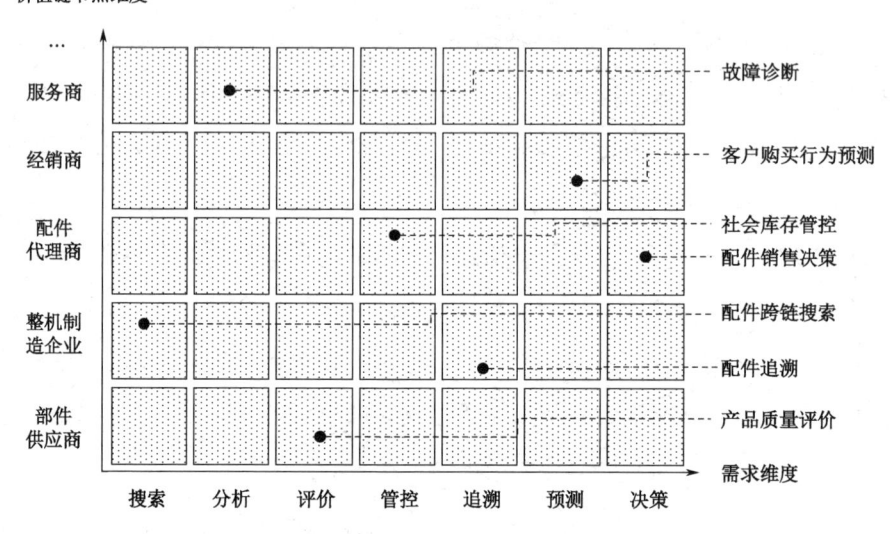

图 5-7　业务科技资源设计

## 第 5 章　分布式科技资源体系构建实现

在价值链节点维度，可以将产业集群价值链上的企业分为整机制造企业、部件供应商、配件代理商、服务商和经销商等企业角色。需求维度则包括搜索类资源、分析类资源、评价类资源、管控类资源、追溯类资源、预测类资源和决策类资源。

（1）搜索类资源：包括单链搜索和跨链搜索。

（2）分析类资源：细粒度场景下准确的分析。例如，针对产品故障问题，通过分析故障历史业务数据，能为企业指导车型地区投放、售后维修预测性备件、改进整车质量等提供有益的信息。

（3）评价类资源：定性定量相结合的综合性评价，即定性评价与定量评价相结合，多种评价方法相结合。例如，针对企业的绩效评价、产品或服务的质量评价。

（4）管控类资源：供应链、营销链、服务链、配件链业务端到端的管控。例如，以滞销配件管控为例，通过对配件库存进行数据分析，构建配件分类模型，找出滞销配件，然后转让给最合适配件服务商，以避免对库存造成不良影响。

（5）追溯类资源：追溯产品全生命周期过程中的状态、属性、位置等。例如，通过建立完善的产品出生档案，可以实现对产品零部件和产品出生信息的追溯。

（6）预测类资源：降低模型预测时滞，实时反映业务关注点。例如，通过配件销售预测，可以指导制造商及其协作企业合理的准备配件需求供应数量。

（7）决策类资源：在复杂的生产运营环境中，做出科学的判断。例如，帮助配件销售商合理备货、帮助制企业制定分销任务。

现按照需求维度，归纳并提炼出针对整机制造企业的业务科技资源，如图 5-8 所示。本节所述内容同样适用于面向其他企业角色的业务科技资源设计，受限于篇幅，此处不再赘述。

每个业务科技资源都可以完整地表达一个或多个特定功能，解决特定具体问题的流程和软件构件，不同的业务科技资源可以通过一定的逻辑与交互进行组合，解决更复杂的问题。按照软件复用的复用粒度和抽象层次的分类,对业务科技资源软件服务化的粒度、服务化的业务逻辑的颗粒、目的等方面进行归类,可以进行不同粒度的封装。粗粒度封装对资源的整合程度最高,目的在于快速地将软件资源提供给用户,为用户提供更加友好、方便的使用方式。而对于要求解的定制类业务问题,可以通过组合的方式,将较细粒度的资源组合成较粗粒度的资源,向用户提供服务。

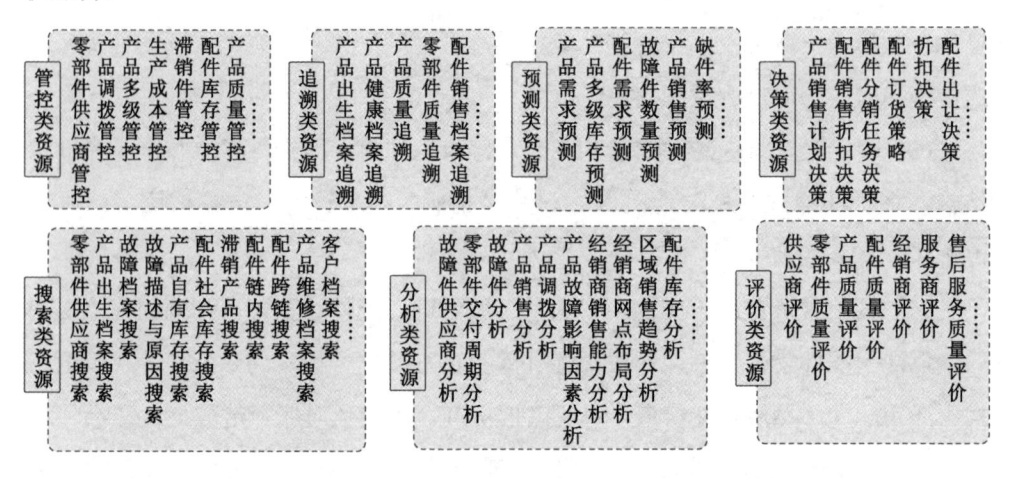

图 5-8　面向整机制造企业的业务科技资源设计

根据上述讨论,按照业务科技资源的粒度,将其分层为基础资源、通用资源和领域资源。基础资源包括搜索类资源、分析类资源和评价类资源。通用资源包括管控类资源、追溯类资源、预测类资源和决策类资源。价值链协同平台资源空间设计如图 5-9 所示。

价值链协同平台资源空间共包括四层。

(1) 数据源:根据实际的业务需求定义企业的 PDM(Product Data Management,产品数据管理)、PLM(Product Lifecycle Managemerrt,产品生命周期管理)、CRM(Customer Relationship Management,客户关系管理)、服务站、协同平台和中转库等的数据来源,通过定义数据源为上层提供数据基础。

(2) 数据聚集:负责管理数据源和数据,并监控数据空间内部和外部的变化,

# 第 5 章　分布式科技资源体系构建实现

然后根据制定的规则对多类型的异构数据源提供的数据进行处理、存储。数据处理的流程一般包括抽取、清洗、转换和保留。

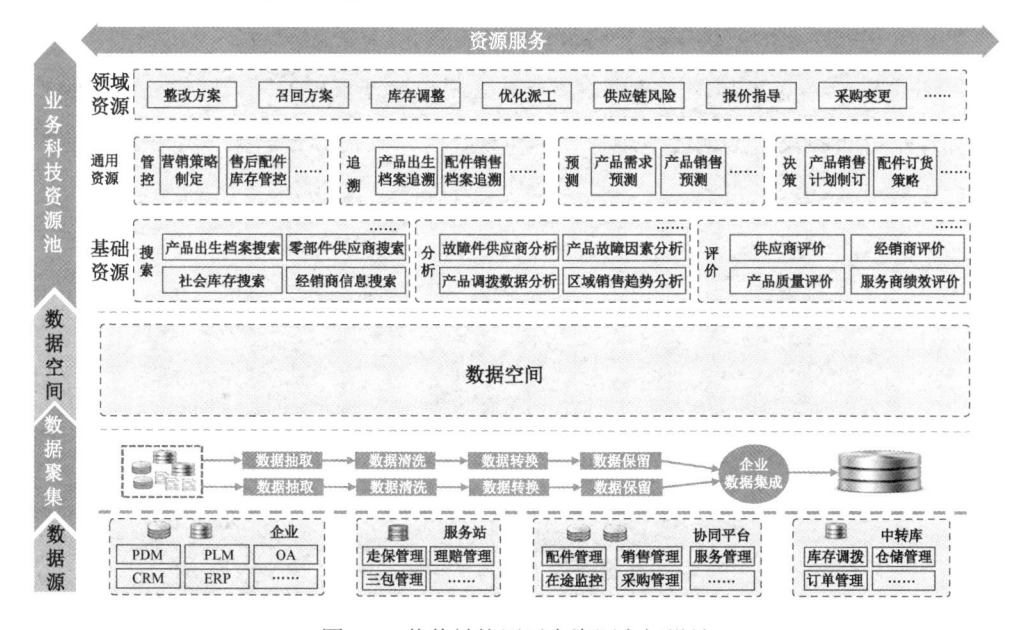

图 5-9　价值链协同平台资源空间设计

（3）数据空间：包含供应、营销、服务等领域的数据。

（4）业务科技资源池：按资源封装粒度的不同，可以将业务科技资源分为基础资源、通用资源和领域资源。其中，基础资源包括搜索类资源、分析类资源、评价类资源；通用资源包括管控类资源、追溯类资源、预测类资源和决策类资源；领域资源根据用户需求，由下层资源组合而成，如整改方案、库存调整、供应链风险等。

## 5.3.3　基于第三方产业价值链协同平台的科技资源开发与运行

1. 整机质量分析业务科技资源

整机质量分析业务科技资源的目的是利用在产品生命周期的售后维修服务过

# 分布式科技资源巨系统及资源协同理论

程中产生的故障数据，实现产品质量分析，该资源对应的标准为《制造企业整机质量分析业务科技资源标准》。该资源的功能模块已在 5.3.1 小节处进行了说明，现对这些功能模块的典型实现界面进行展示。

图 5-10 展示了车型地区故障因素分析，用户通过车型地区故障数、车型地区故障数据分布图及车型地区故障占比的可视化展示，可以了解某车型在各个地区的故障情况。

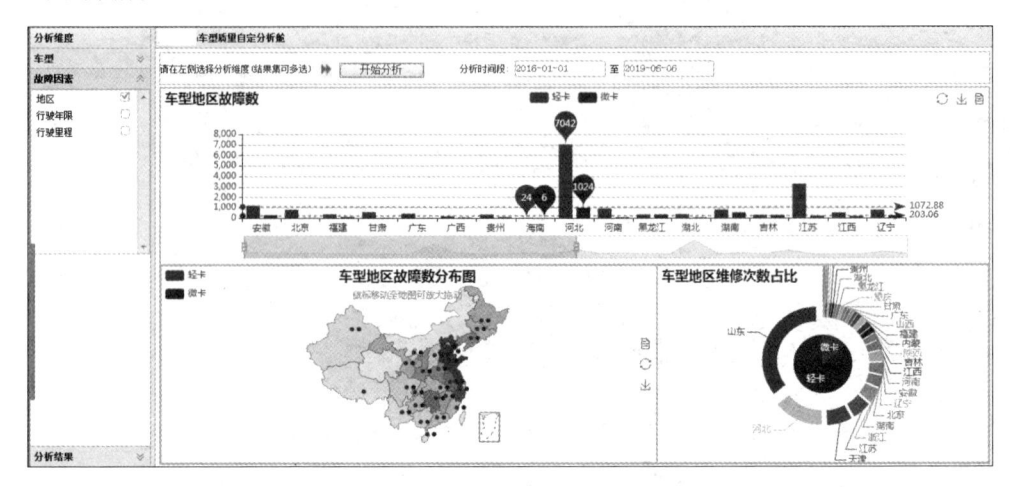

图 5-10　车型地区故障因素分析

图 5-11 展示了某故障零部件分析报告，整体界面由指定故障件的各项故障指标、指定故障件在与某整机制造企业协作的服务商处的维修情况及指定故障件在各个故障因素下的故障情况组成。

2. 配件供应商库存分析业务科技资源

配件供应商社会库存分析业务科技资源旨在帮助配件供应商充分掌握自身渠道下的配件库存和分布情况，同时依据销售情况、库存存量情况及客户信息等及时地进行库存调拨和补充，该资源对应的标准为《配件价值链社会库存分析业务科技资源标准》。该资源的功能模块已在 5.3.1 小节处进行了说明，现对这些功能模块的典型实现界面进行展示。

# 第 5 章　分布式科技资源体系构建实现

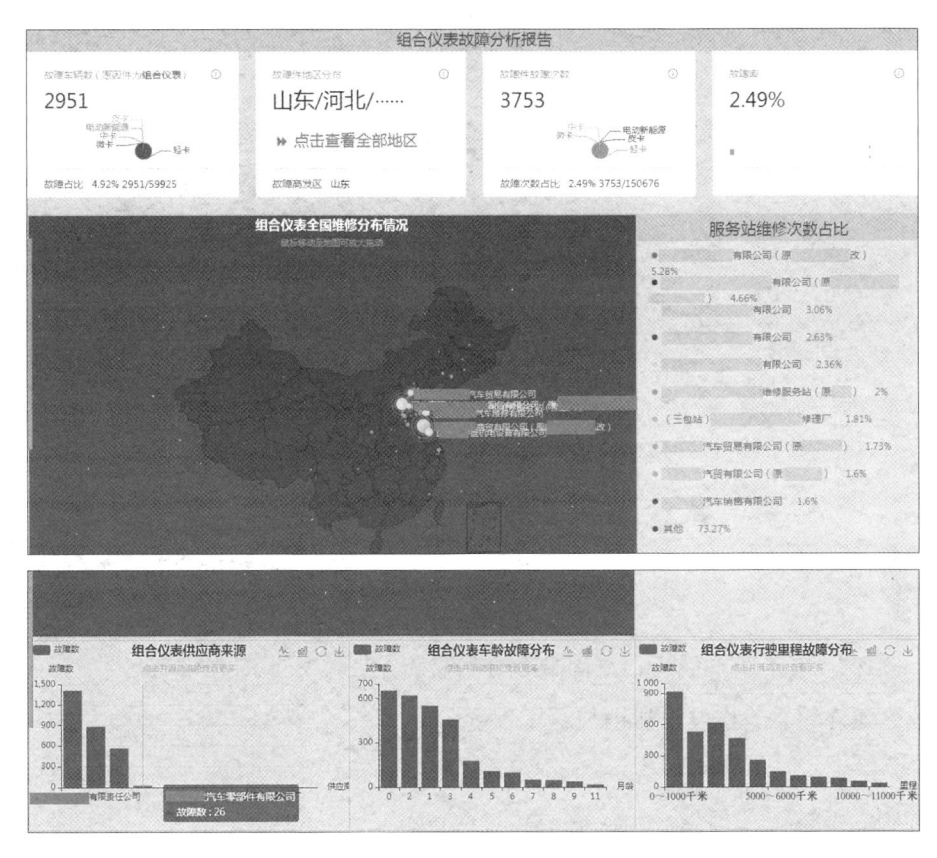

图 5-11　故障零部件分析报告

图 5-12 和图 5-13 分别展示了某企业库存配件风险分布和明细表、某企业库存结构风险。

图 5-12　库存配件风险分布和明细表

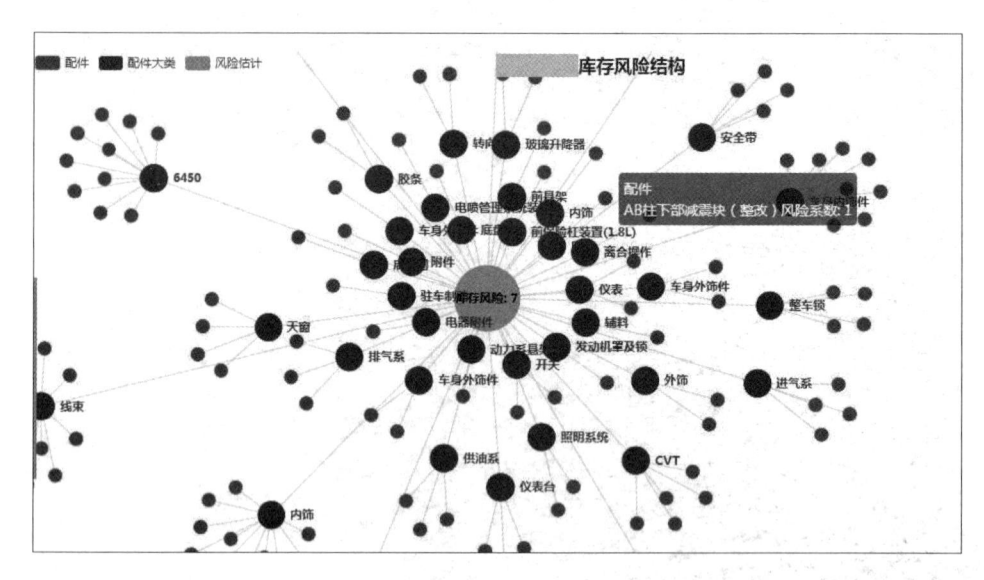

图 5-13 库存结构风险

图 5-14 展示了多级库存全国分布分析，界面上以不同灰度区分展示了在各省份地区配件的急缺程度、滞销与积压程度。

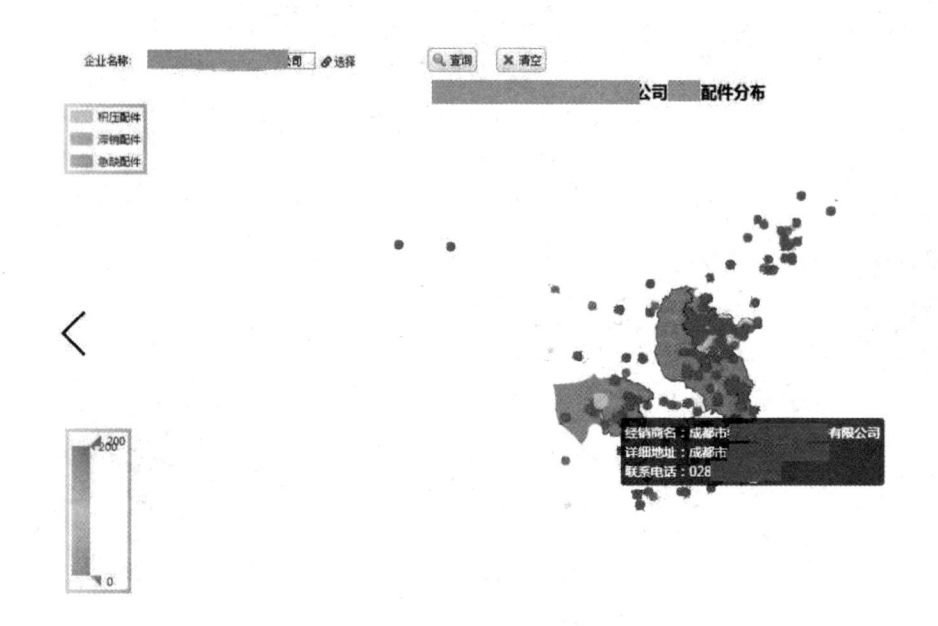

图 5-14 多级库存全国分布分析

## 第 5 章　分布式科技资源体系构建实现

3. 故障诊断知识库及推理业务科技资源

故障诊断知识库及推理业务科技资源旨在为服务商提供故障诊断功能，从而对产品发生的故障进行快速推理，对维修过程进行指导，从而提高维修的效率，实现大量维修案例知识再利用，该资源对应的标准为《故障诊断知识库及推理业务科技资源标准》。该资源的功能模块已在 5.3.1 小节处进行了说明，现对这些功能模块的典型实现界面进行展示。图 5-15 和图 5-16 分别展示了案例推理结果和知识库各种配件知识占比。

图 5-15　案例推理结果

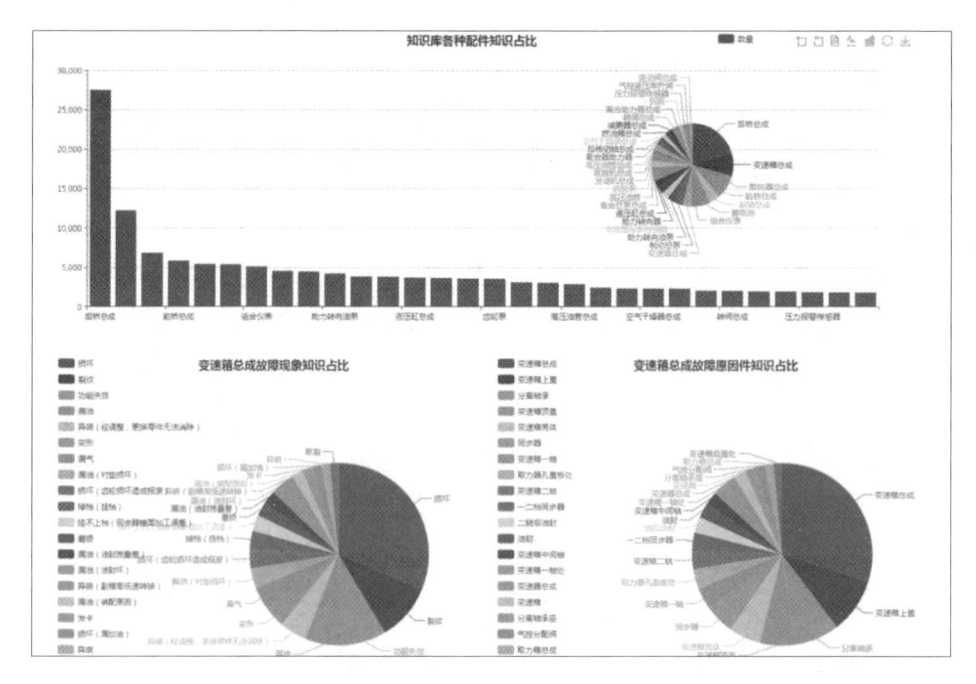

图 5-16　知识库各件配件知识占比

# 参考文献

[1] C S M J A，A R R，A M N A R, et al. Integrated Set Parts Supply system in a mixed-model assembly line[J]. Computers & Industrial Engineering，2014，75（1）：266-273．

[2] 李斌勇，孙林夫，王淑营，等．面向汽车产业链的云服务平台信息支撑体系[J]．计算机集成制造系统，2015，21（10）：2787-2797．

[3] 胡乔宁，王要武，胡乔迁．企业价值链价值分配的优化研究[J]．哈尔滨工程大学学报，2009，30（01）：111-115．

[4] PORTER M E. Competitive advantage creating and sus-taining superior performance[M]．New York: The Free Press, 1985: 33-61．

[5] Hao H, Wu X, Li H. Research on the Collaborative Plan of Implementing High Efficient Supply Chain[J]. Energy Procedia.

[6] 王海燕. 基于价值链的精益营销体系构建及路径探讨[J]. 商业经济研究，2016（01）：54-56.

[7] 王景峰，王刚，问晓先，等. 面向服务架构下协同制造服务链构建研究[J]. 电子科技大学学报，2009，38（02）：282-287.

[8] 方伯芃. 基于云平台的配件多价值链协同技术研究[D]. 成都：西南交通大学，2019.

[9] 陶飞，戚庆林. 面向服务的智能制造[J]. 机械工程学报，2018，54（16）：11-23.

[10] 阴艳超,常斌磊,姬常杰.转轮叶片多轴铣削加工的集成知识云服务实现[J].计算机集成制造系统，2018，24（02）：349-360.

[11] 阴艳超，孙林夫. 基于可拓元模型架构的产品资源全性能模型[J]. 计算机集成制造系统，2009，15（05）：905-915.

[12] Jiang S, Yu S J. Research on Data Integration in Dataspace[J]. Applied Mechanics & Materials, 2013, 433-435: 1666-1669.

# 第6章 分布式科技资源巨系统部署实现

## 6.1 跨区域的科技资源体系的部署

构建业务科技资源体系的直接目的是获得产业集群业务协同所需的各种知识，贯通数据智能手段和业务科技资源应用之间的桥梁，支撑企业在研发、采购、制造、营销、服务等各个环节中活动的精细化，从而促进产业集群的整体升级转型。

本章在对价值链协同平台的科技资源系统构建的基础上，面向京津冀城市群、哈长城市群、长三角城市群和成渝城市群，设计了价值链协同业务科技资源体系。

1. 价值链协同平台资源空间

第三方产业价值链协同平台在长期运行过程中，积累了大量价值链协同的"业务流程"和"业务数据"，并在此基础上构建资源空间。产业集群上存在整机制造企业、部件供应商、经销商、服务商及配件代理商等企业角色。不同的企业根据自身所处的价值节点不同，存在不同的知识化服务需求。价值链协同平台资源空间的资源设计从使用角色和求解对象两个维度出发，对业务问题进行划分，研发不同的业务科技资源。以体系化和分布式构建的方式向产业集群提供系统性的综合科技服务，以期促进企业的智能化应用从当前单点局部改进向系统性提升迈进。

## 第 6 章 分布式科技资源巨系统部署实现

图 6-1 为价值链协同平台的科技资源空间的访问界面。

图 6-1 价值链协同平台的科技资源空间的访问界面

### 2. 城市群区域资源库

业务科技资源来源于价值链协同平台的科技资源空间，由于每个城市群都有自己的产业基础和发展规划，因此对业务科技资源的需求存在差异。根据用户访问需求，城市群区域资源库持有价值链协同平台资源空间中的一部分资源，并与其保持数据同步，如图 6-2 所示。

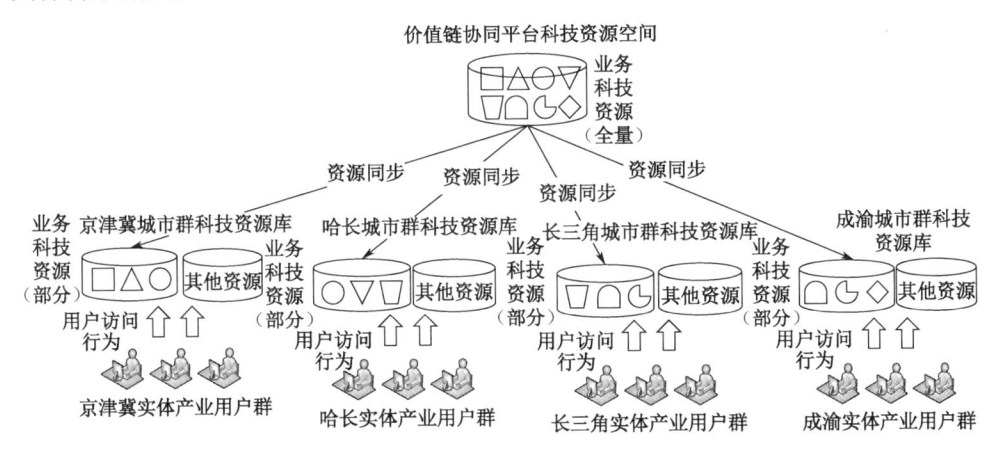

图 6-2 价值链协同平台的科技资源空间——区域资源库结构

## 分布式科技资源巨系统及资源协同理论

目前，已将业务科技资源初步部署到了哈长城市群科技云服务平台，为用户提供业务科技资源的服务应用，京津冀城市群、长三角城市群和成渝城市群的科技资源服务平台的业务科技资源部署正在进行中。图 6-3 为哈长城市群综合科技服务平台资源库。

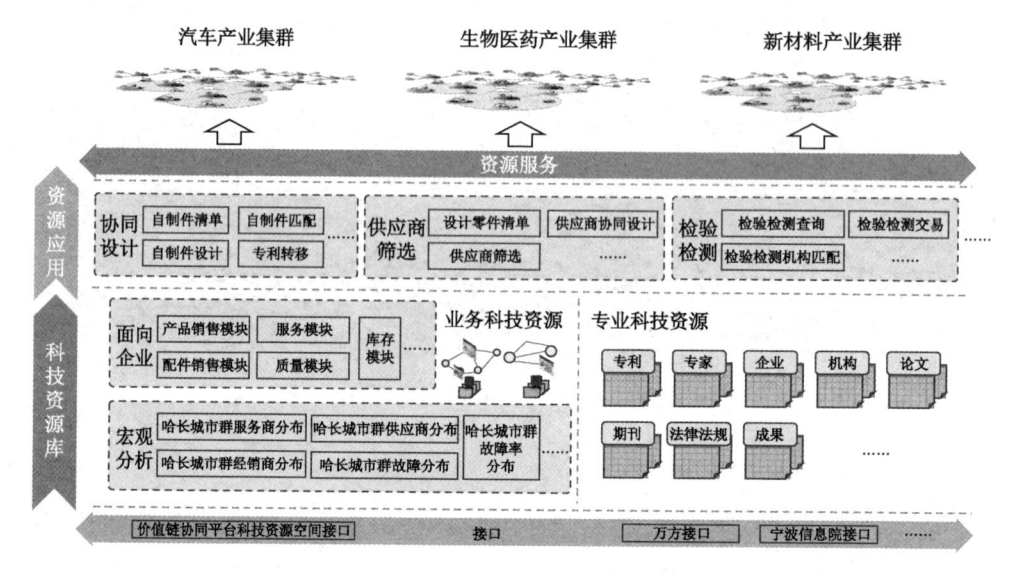

图 6-3　哈长城市群综合科技服务平台资源库

哈长城市群综合科技服务平台可通过业务科技资源和专业科技资源的 API 接口，根据城市群内产业集群的需求，对资源进行二次开发。科技资源库共包括两层。

（1）科技资源库：包括业务科技资源和专业科技资源两部分。其中，业务科技资源目前包括可对平台所有访问用户开放的宏观分析类资源，以及只对平台授权用户开放的面向企业类资源；专业科技资源目前包括专利、专家、企业、机构、论文、期刊、法律法规、成果等。

（2）资源应用：根据哈长城市群产业集群的需求，目前包括协同设计、供应商筛选、检验检测等资源应用。

## 6.2 分布式科技资源库的形成

融合专业科技资源体系与业务科技资源体系,汇聚形成分布式科技资源库。图 6-4 为分布式科技资源库。

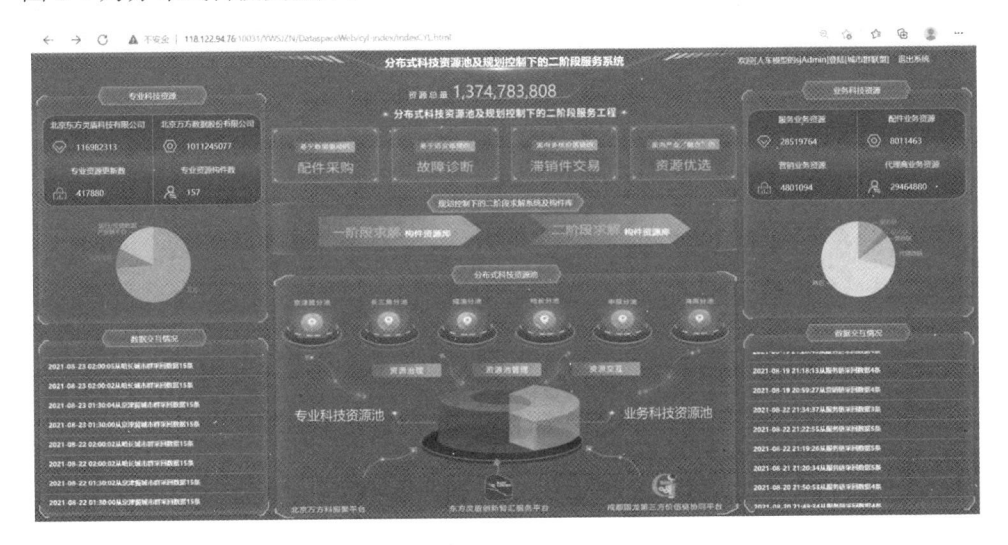

图 6-4 分布式科技资源库

1. 分布式科技资源库

分布式科技资源池汇聚了专业科技资源和协同业务科技资源,集成了京津冀协同创新区、长三角、成渝、哈长、中原城市群以及中国(海南)自由贸易试验区的综合科技资源服务平台的科技资源,搭建了城市群科技资源分池,形成了分布式科技资源库。

2. 分布式专业科技资源库

所构建的支持跨平台"资源"汇聚与协同的专业科技资源库,由汇聚的北京万方和东方灵盾资源、治理日志资源和城市群分库感知反馈资源组成,通过集成

## 分布式科技资源巨系统及资源协同理论

接口汇聚北京万方和东方灵盾的科技资源，并通过对资源的接入、更新、标记、标准化、筛选、集成、融合等处理功能将两类资源融合后形成本地资源库和治理日志资源库。图 6-5 至图 6-7 分别为汇聚的万方科技资源情况（中文专利数据部分）、汇聚的东方灵盾科技资源情况（中文专利数据部分）和本地资源库情况（专利数据部分）。

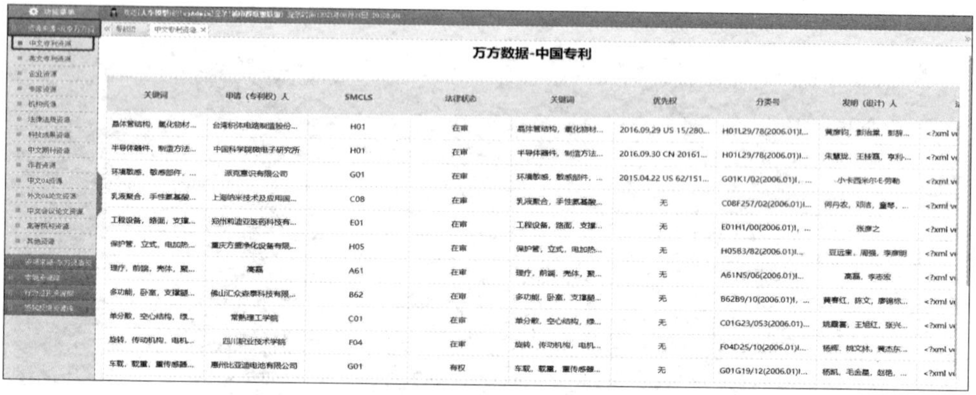

图 6-5　万方科技资源情况（中文专利数据部分）

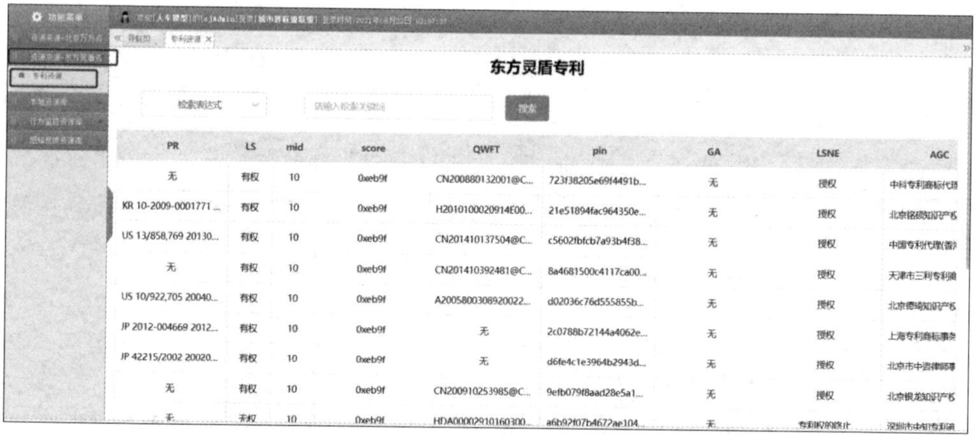

图 6-6　东方灵盾科技资源情况（中文专利数据部分）

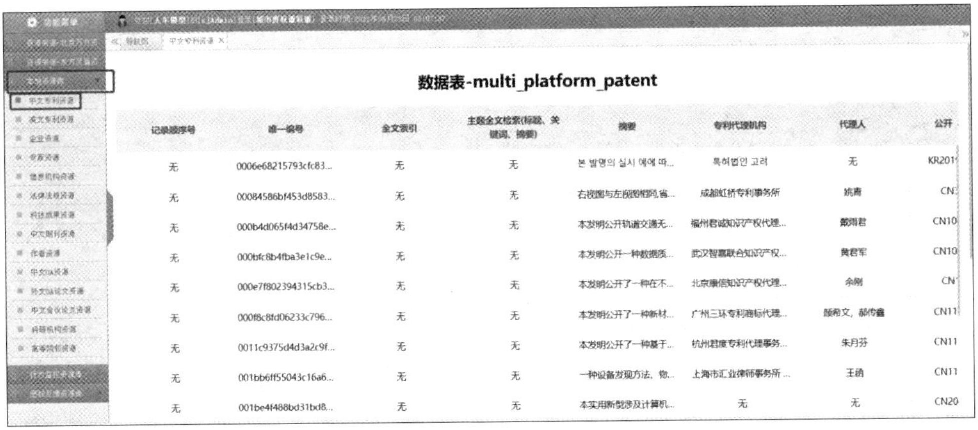

图 6-7  本地资源库情况（专利数据部分）

3. 分布式业务科技资源库

所构建的支持跨平台"业务"的协同业务科技资源库，汇聚了成都国龙信息工程有限责任公司的"基于 ASP/SaaS 的制造业产业价值链协同平台"及"多核价值链协同服务云平台"的价值链协同业务科技资源，包含代理商业务资源、营销链业务资源、服务链业务资源、配件链业务资源和其他附件资源。如图 6-8 至图 6-12 分别为分布式业务科技资源库的供应链业务资源、营销链业务资源、服务链业务资源、配件链业务资源和其他业务资源。其中，其他业务资源为业务附件资源数据，包括单号、附件名称、附件地址、版本号、联盟等，如图 6-13 所示。

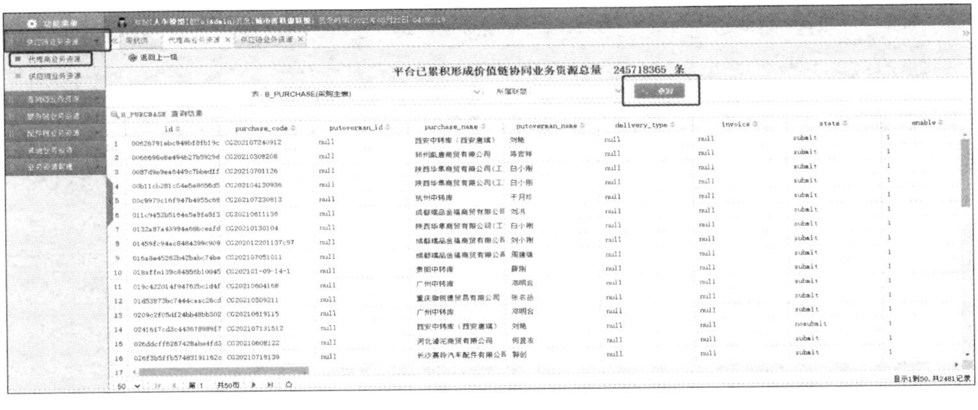

图 6-8  供应链业务资源

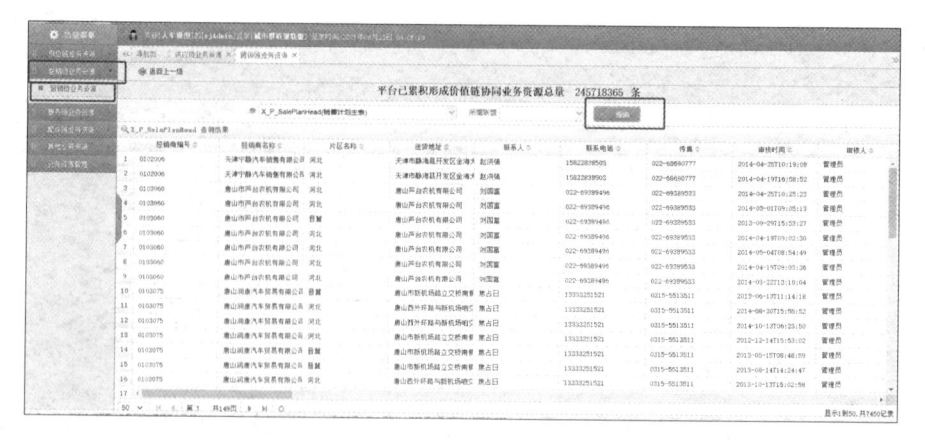

图 6-9 营销链业务资源

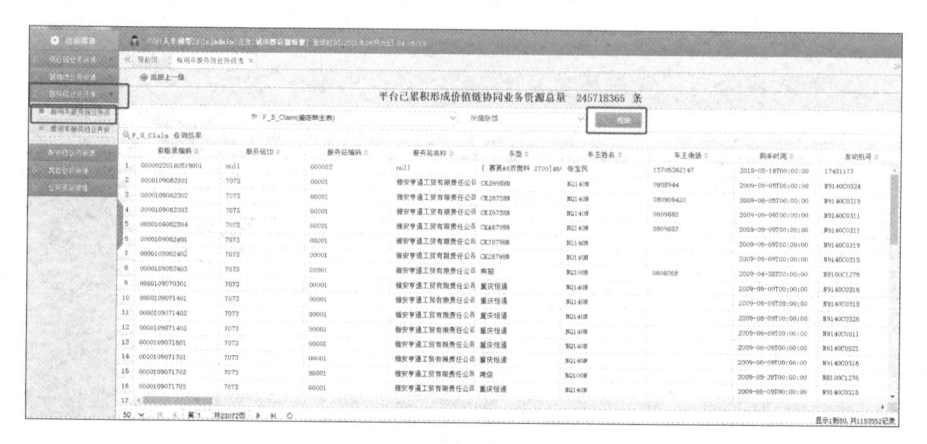

图 6-10 服务链业务资源

图 6-11 配件链业务资源

# 第 6 章　分布式科技资源巨系统部署实现

图 6-12　其他业务资源

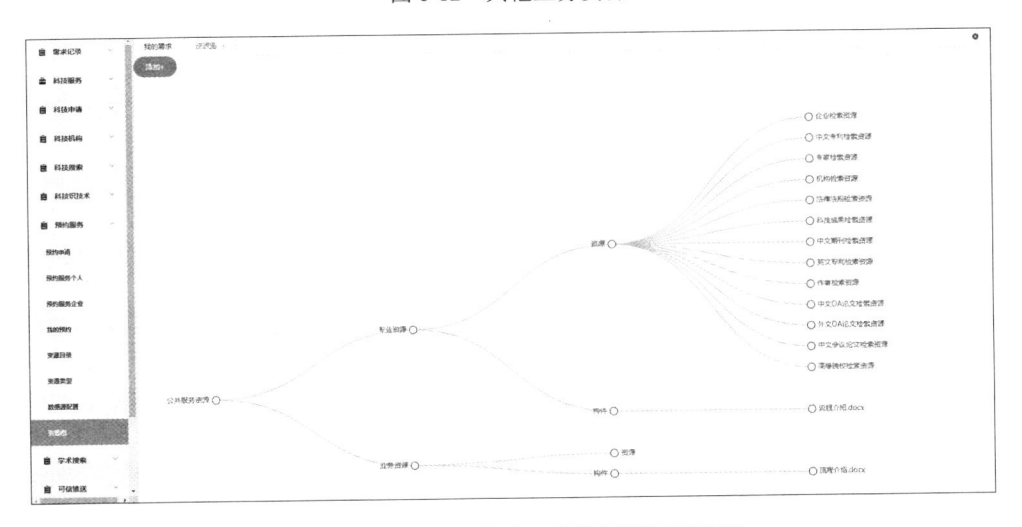

图 6-13　科技资源信息目录资源图展示界面

在如图 6-13 所示的科技资源信息目录资源图展示界面中，可以通过"资源图"菜单打开下一级菜单，并可以单击其中需要查看的模块进行相对应的操作。

在如图 6-14 所示的科技资源信息目录资源展示界面中，可以对资源目录的数据源进行编辑、配置和详情查看操作。

在如图 6-15 所示的科技资源信息目录资源编辑界面中，根据系统的引导，单击相应的选项卡，在界面中会弹出窗口，在窗口中可以对科技资源信息目录的数据类型、资源类型、资源类别码值等数据进行编辑。

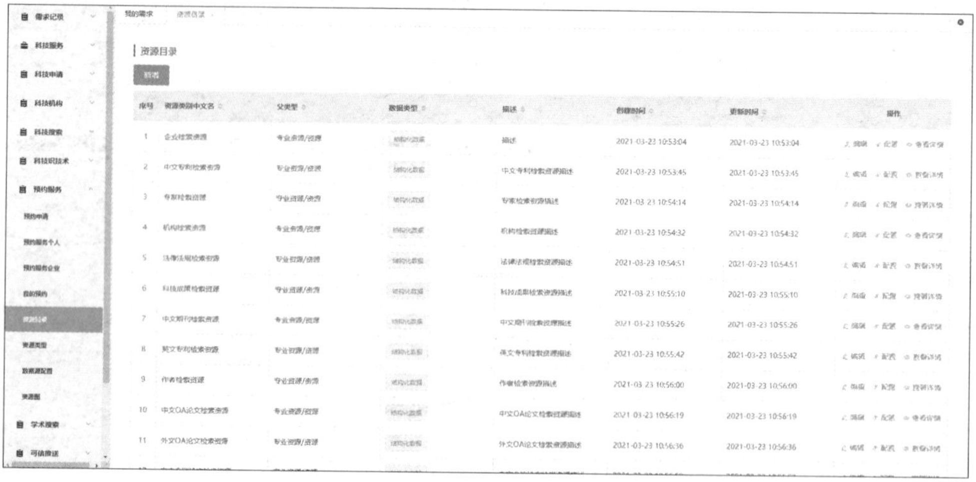

图 6-14　科技资源信息目录资源展示界面

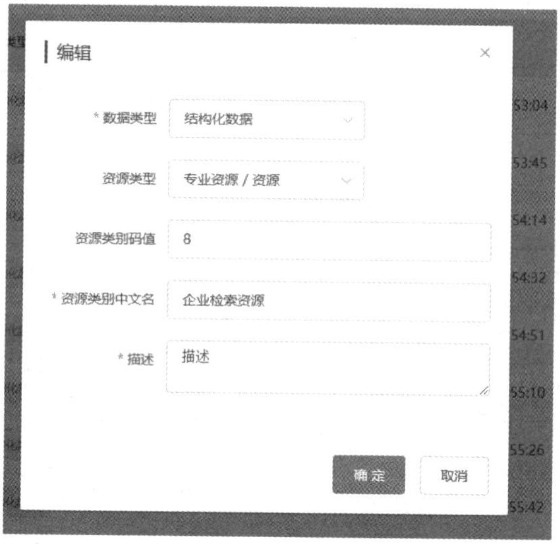

图 6-15　科技资源信息目录资源编辑界面

在如图 6-16 所示的科技资源信息目录资源新增界面中，可以对科技资源信息目录源进行新增操作，在填写数据类型、资源类别中文名等必填字段和其他选填字段后，即可对科技资源信息目录进行新增操作。

第 6 章　分布式科技资源巨系统部署实现

图 6-16　科技资源信息目录资源新增界面

在如图 6-17 所示的科技资源信息目录资源类型界面中，会显示科技资源信息目录的码值、父类型是否启动等状态。

图 6-17　科技资源信息目录资源类型界面

图 6-18 为科技资源信息目录资源类型新增界面，在填写科技资源信息目录资源的类型码值等字段后，可以对科技资源信息目录资源类型进行新增操作。

图 6-18 科技资源信息目录资源类型新增界面

在如图 6-19 所示的科技资源信息目录数据库录入界面中，会显示科技资源信息目录的相关依赖库信息，包括序号、数据库名称、初始化大小、最大连接数等。

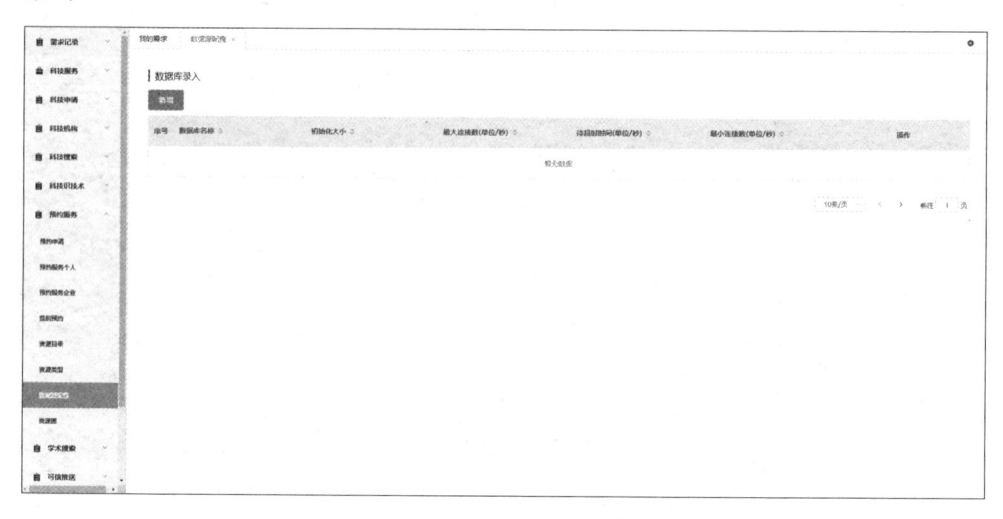

图 6-19 科技资源信息目录数据库录入界面

在如图 6-20 所示的科技资源信息目录新增依赖数据库界面中，可以对科技资源信息目录的依赖数据库进行新增，在新增界面中需要对依赖数据库的用户名、密码、数据库名称、数据库链接、数据库类型等必填字段进行设置。除此之外，还可以对选填字段进行设置，完成设置后，即可新增科技资源信息目录依赖数据库。

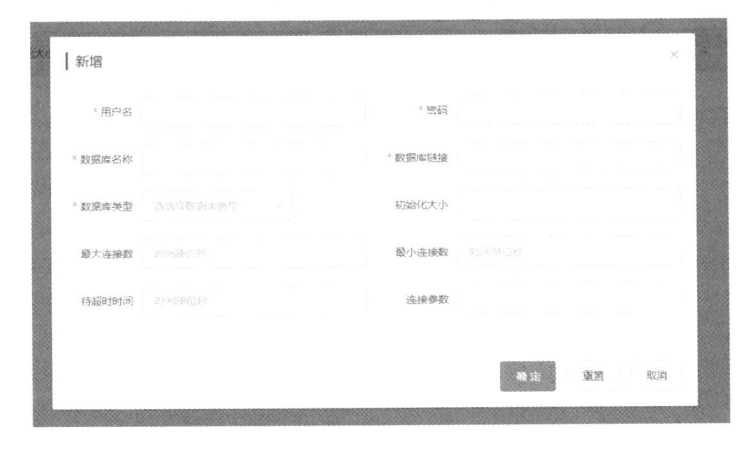

图 6-20　科技资源信息目录新增依赖数据库界面

## 6.3　专业科技资源多源融合服务实现

构建城市群科技资源库，可实现万方、东方灵盾等多专业科技资源的分布式融合服务。图 6-21 至图 6-24 分别展示了京津冀、哈长城市群和长三角城市群多专业科技资源的分布式融合服务。

图 6-21　多专业科技资源的分布式融合服务（一）

图 6-22 多专业科技资源的分布式融合服务（二）

图 6-23 多专业科技资源的分布式融合服务（三）

图 6-24 多专业科技资源的分布式融合服务（四）

## 第 6 章　分布式科技资源巨系统部署实现

　　用户进入各个城市群综合服务平台操作界面，可以根据系统显示的功能了解各个城市群综合服务的相关情况。其中，城市群用户数据访问统计通过数据点的多少表示数据访问量的多少，词汇包括但不限于人工智能、科技服务、航空技术等。月用户采集数据统计利用柱状图将数据完整地展示柱状图是最常见的图表，适用于二维数据集。柱状图利用柱子的高度，反映数据的差异，肉眼对高度差异很敏感，辨识效果非常好，适合中小规模的数据集。月用户访问数据统计用折线图的方式展示用户的访问量。折线图非常适合二维的大数据集，尤其是趋势比单个数据点更重要的场景，能够很好地比较二维数据集中的数据。同时，折线图能够很好地表示数据的历史发展趋势，能够让用户对整体的数据概况有所了解。图 6-25 至图 6-28 分别展示了京津冀资源服务平台、长三角城市群资源服务平台、哈长城市群资源服务平台和成渝城市群资源服务平台界面。

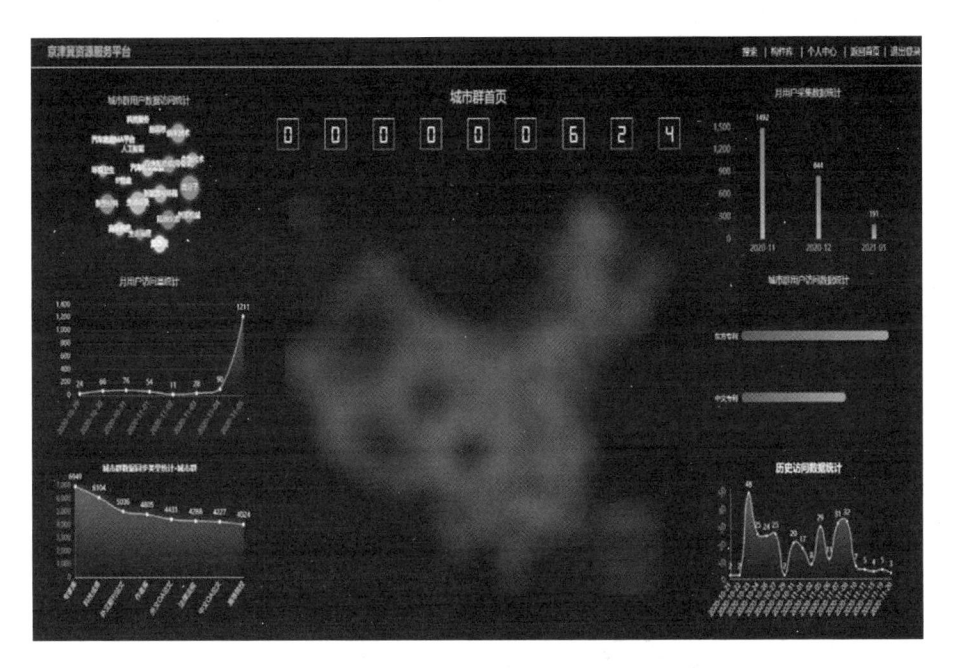

图 6-25　京津冀资源服务平台界面

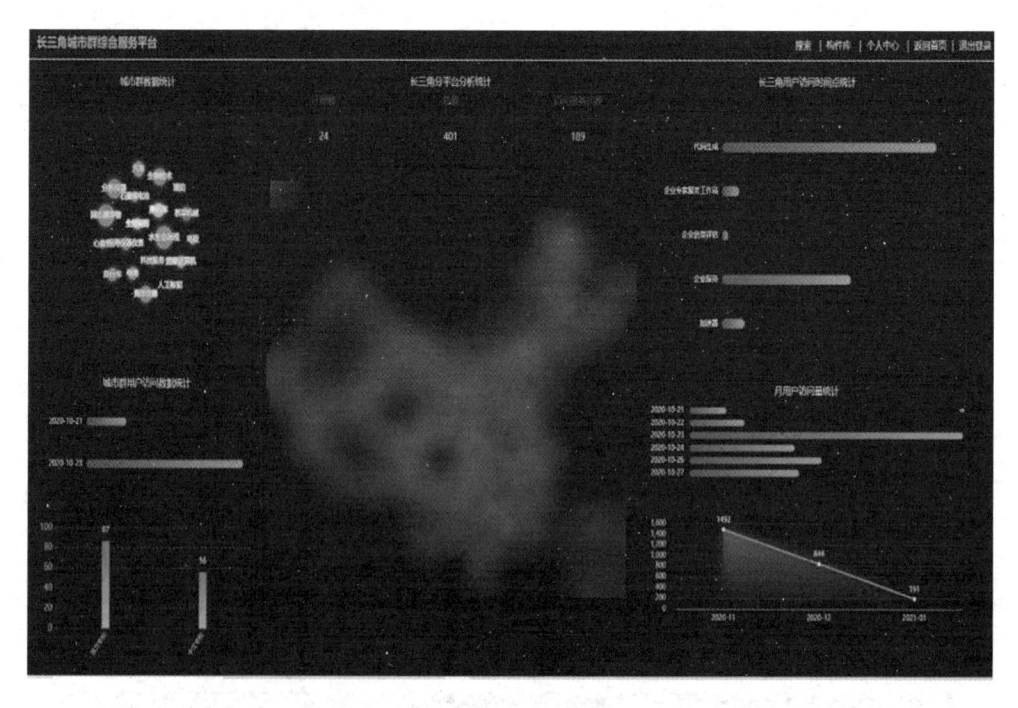

图 6-26 长三角城市群资源服务平台界面

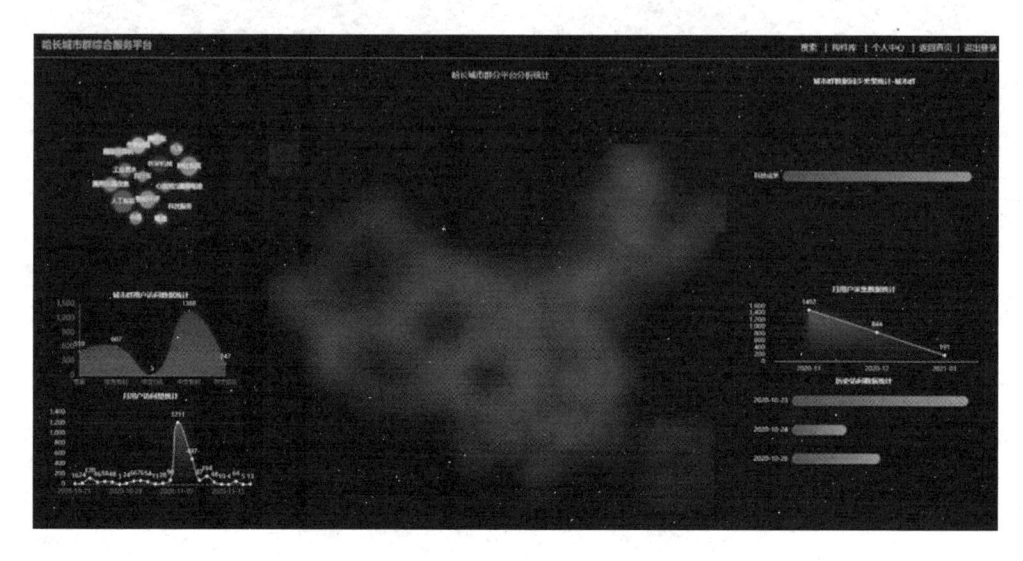

图 6-27 哈长城市群资源服务平台界面

## 第 6 章　分布式科技资源巨系统部署实现

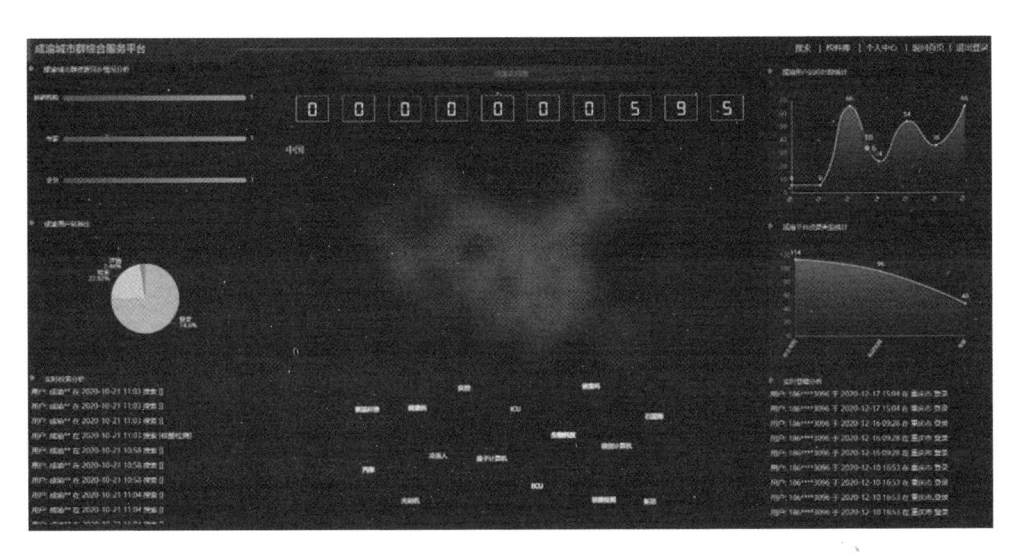

图 6-28　成渝城市群资源服务平台界面

通过对应的功能菜单指令，用户可单击京津冀资源同步数据类型情况进入系统操作界面，根据系统显示的功能可了解京津冀城市群资源同步数据情况。京津冀资源同步类型情况是以天为间隔，记录执行失败的次数，利用柱状图直观地将内容和趋势展示在页面中，如图 6-29 所示。

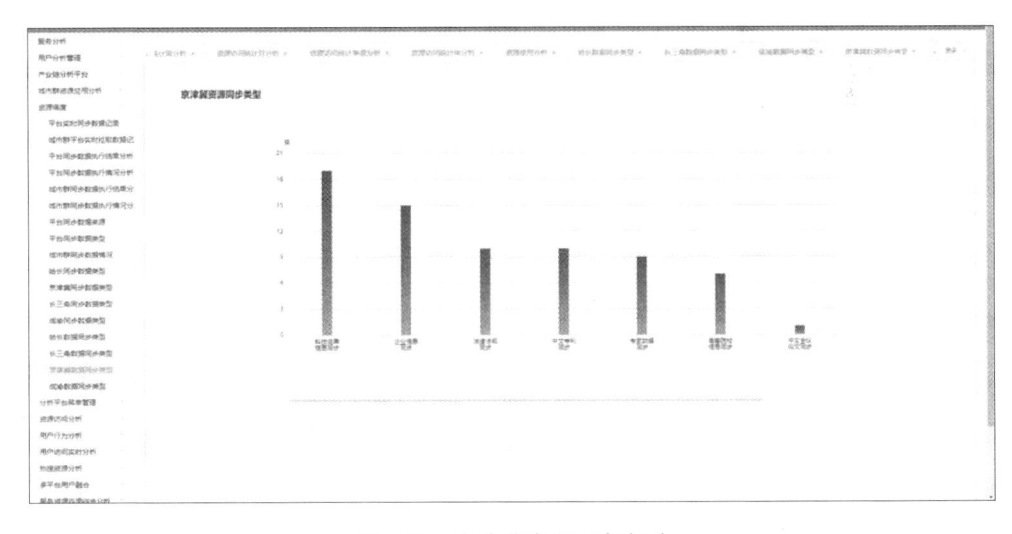

图 6-29　京津冀资源同步类型

通过对应的功能菜单指令，用户可单击哈长城市群资源同步数据类型情况进入系统操作界面，根据系统显示的功能可了解哈长城市群资源同步类型数据情况，如图6-30所示。

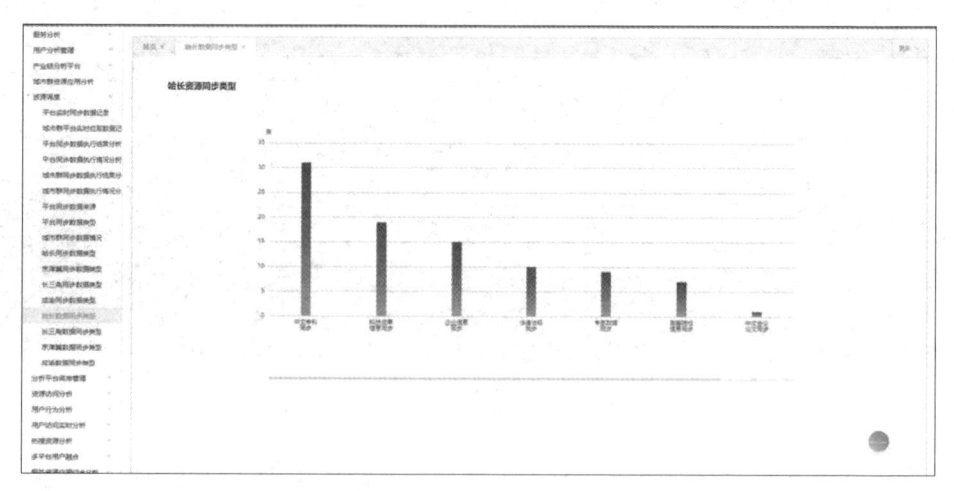

图6-30　哈长城市群资源同步类型

通过对应的功能菜单指令，用户可单击长三角城市群资源同步数据类型情况进入系统操作界面，根据系统显示的功能可了解长三角城市群同步类型数据情况，如图6-31所示。

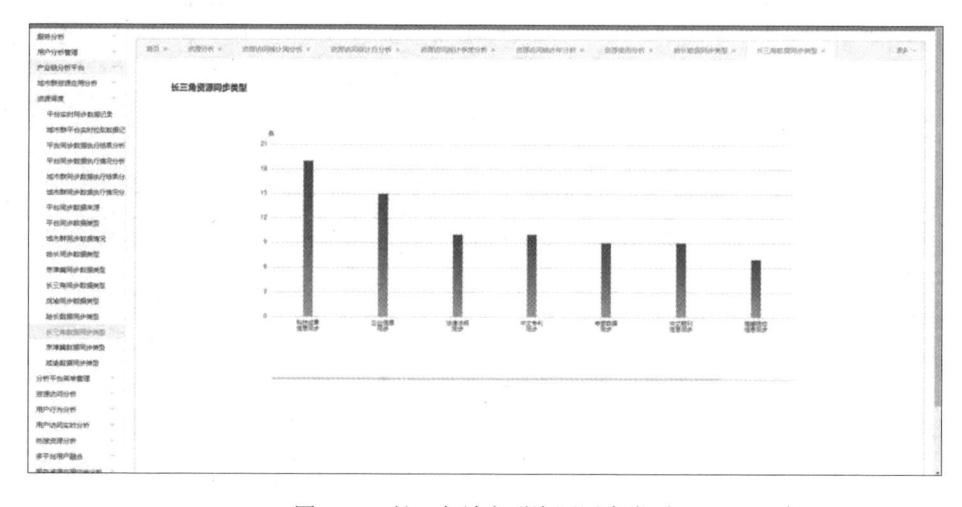

图6-31　长三角城市群资源同步类型

第 6 章　分布式科技资源巨系统部署实现

通过对应的功能菜单指令，用户可单击成渝城市群资源同步数据类型情况进入系统操作界面，根据系统显示的功能可了解成渝城市群资源同步类型数据情况，如图 6-32 所示。

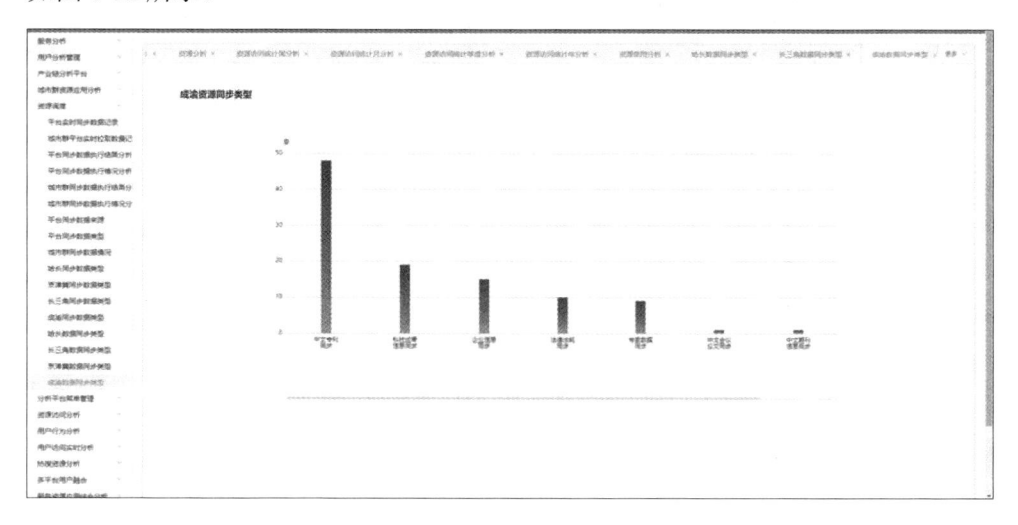

图 6-32　成渝城市群资源同步类型

## 6.4　业务科技资源服务实现

目前，分布式科技资源系统主要通过将业务科技资源部署到各大城市群的科技服务云平台来为城市群企业提供业务深度分析服务，其服务内容主要围绕汽车产业链的相关业务，包括配件质量、车辆故障、维修服务及代理商库存等方面的数据查询和分析功能。京津冀城市群综合科技服务平台的汽车产业数据查询服务如图 6-33 所示。

除了将资源部署于城市科技群服务云平台，系统还以单击登录的方式为核心制造厂、零件供应商、配件代理商、整车经销商和售后服务商等企业角色，在科技资源服务平台提供关于数据智能的业务科技资源服务入口，如图 6-34 所示。

分布式科技资源巨系统及资源协同理论

图 6-33　京津冀城市群综合科技服务平台的汽车产业数据查询服务

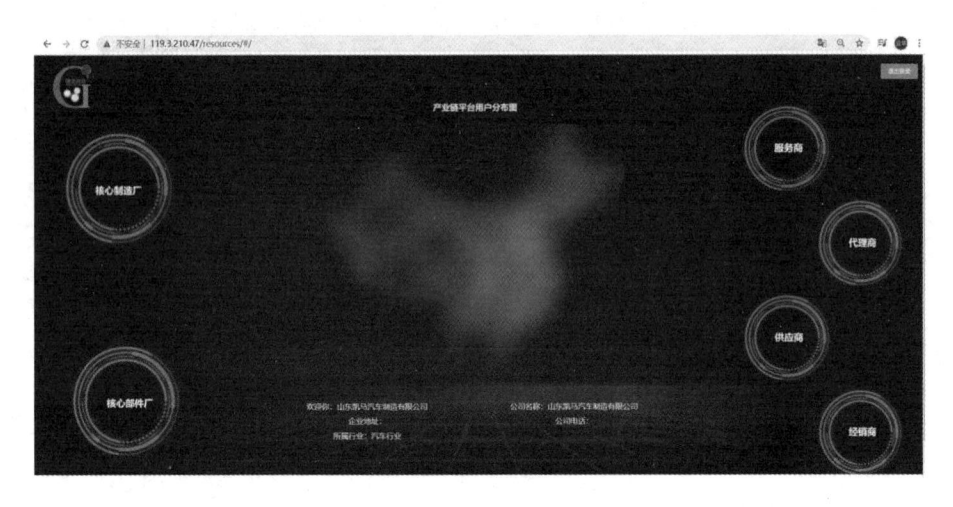

图 6-34　业务科技资源服务入口

# 第 6 章 分布式科技资源巨系统部署实现

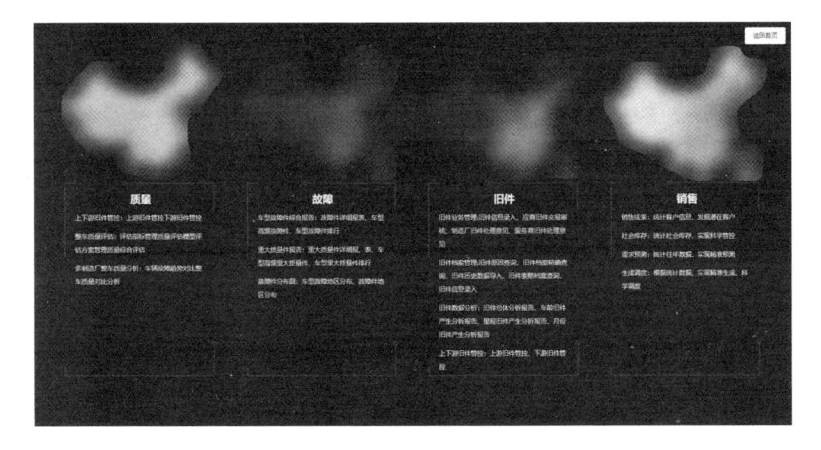

图 6-34 业务科技资源服务入口（续）

科技资源服务平台提供的业务科技资源服务的具体内容如下。

## 6.4.1 产品故障服务分析系统

企业通过车辆生产时间段和索赔时间段的选择可以获得相应品牌整车质量的智能分析结果。以故障件数据分析模块为例，分布式科技资源系统提供了选择时间段内全国范围内主要产生故障件的车型、故障件类型、故障件主要供应商及各车型产生的故障件占比等，如图 6-35 所示。除此之外，该服务模块还涵盖了多链上游供应商故障

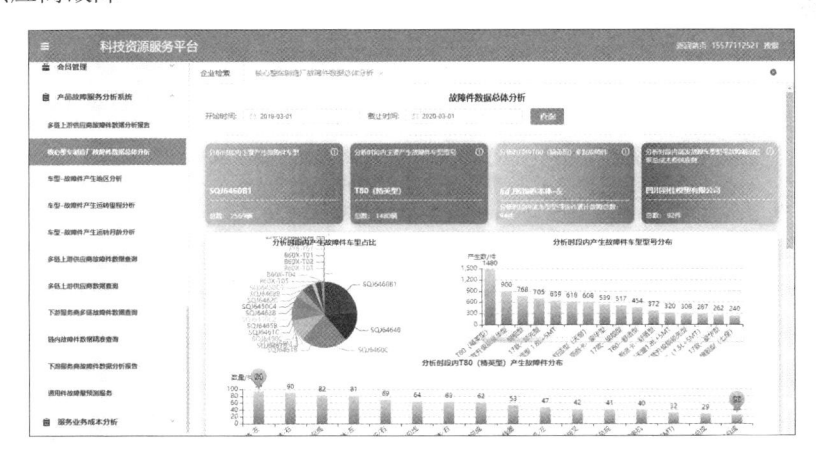

图 6-35 制造厂故障件数据分析

件数据查询、下游服务商多链故障件数据查询、链内故障件数据精准查询、车型-故障件对比分析和通用件故障量预测服务等，从故障件的全生命周期进行数据分析。

### 6.4.2 服务业务成本分析

服务业务成本分析主要是针对售后服务商展开的，提供了对售后维修人员的管理、能力分析，故障维修统计，服务站的维修质量、维修档案、售后服务金额，以及接下来时间段内服务站零配件需求量的预测等功能，如图6-36所示。服务商通过此服务功能可以感知到自身服务能力的情况及员工的维修能力，并根据预测功能提前向配件代理商发出配件采购请求。

图 6-36　服务商多链数据分析

### 6.4.3 代理商库存数据分析

代理商库存数据分析服务涵盖了实时库存统计分析如图6-37所示、出入库记录分析、库存风险实时监控、代理商滞销件分析等模块。以实时库存统计分析为例，用户可以从分析数据中迅速了解仓库中各类配件的库存数量甚至是占用的库存金额，能有效提升管理人员的工作效率。该模块为企业直观地展示了各地区代理商销售情况及各中转库的库存水平等信息。

图6-37 实时库存统计分析

### 6.4.4 维修业务知识服务系统

如图6-38所示，该服务主要围绕整车制造厂及其紧密相关的上下游企业所生成的关于车辆故障档案的数据增值服务，包括故障档案搜索、故障知识分析、故障模式、故障分析与原因推荐、故障案例知识分析等模块，完成了从数据到知识、从知识到服务的转换，对于售后维修保养人员来说是一项极大的辅助功能。

### 6.4.5 维修服务分析

维修服务分析主要涵盖了易损件分析（见图6-39）和维修质量分析档案管理两大功能，该模块通过对产品售后维修过程中数据的统计和分析，清楚地展示了各车型的易损件类型及维修档案记录等，为制造厂和服务站保证了车辆维修服务的可追溯性。

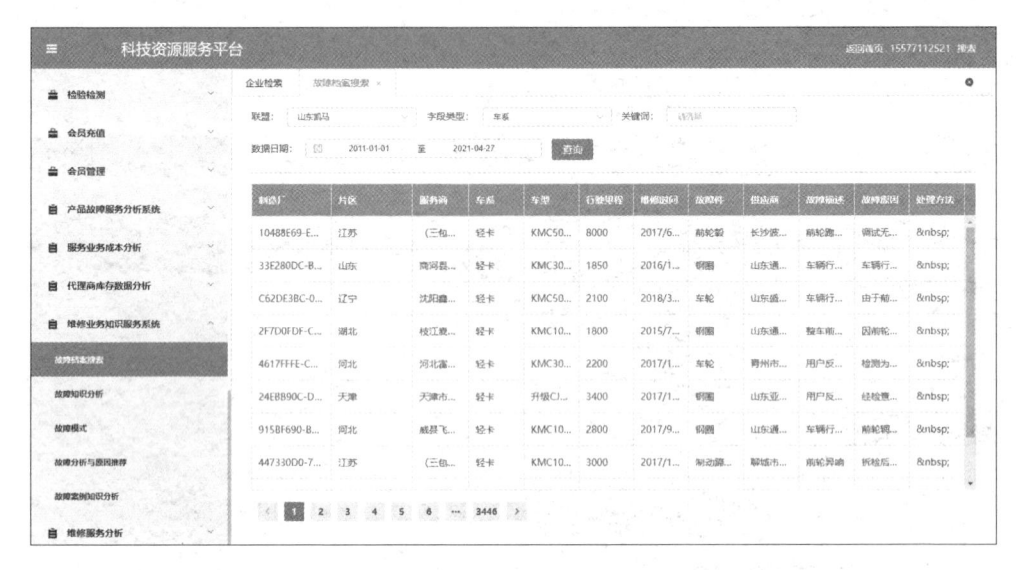

图 6-38 故障档案搜索

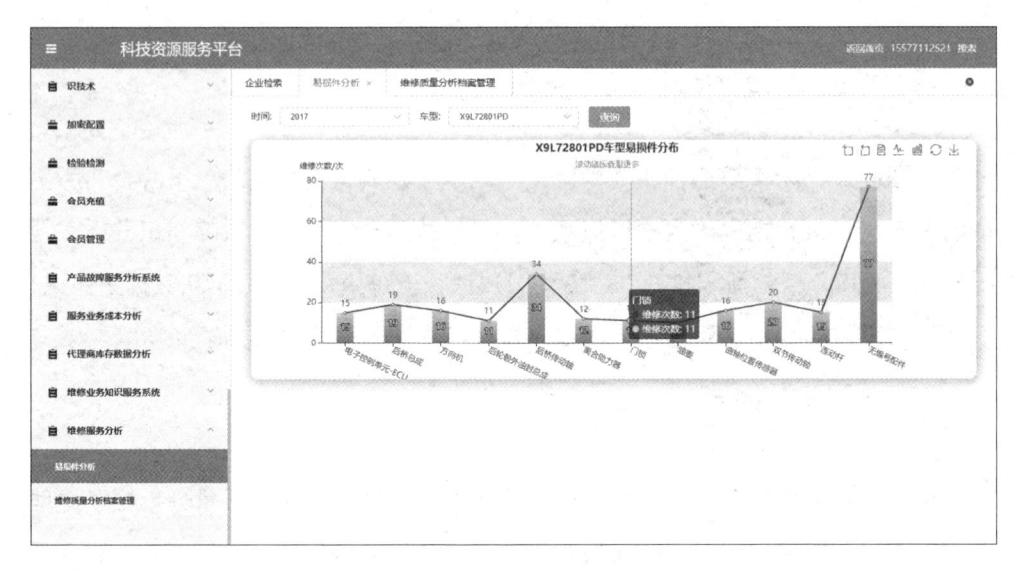

图 6-39 易损件分析

第 6 章　分布式科技资源巨系统部署实现

## 6.5 两类资源融合服务实现

### 6.5.1 资源推荐

资源推荐是两类资源融合服务的实现之一，系统根据用户历史搜索记录和浏览记录为用户定制推荐出更多可能感兴趣的文献信息，并展示在科技资源共享平台右下部的模块中，如图 6-40 所示，用户可单击查看更多来获取推荐信息详情。

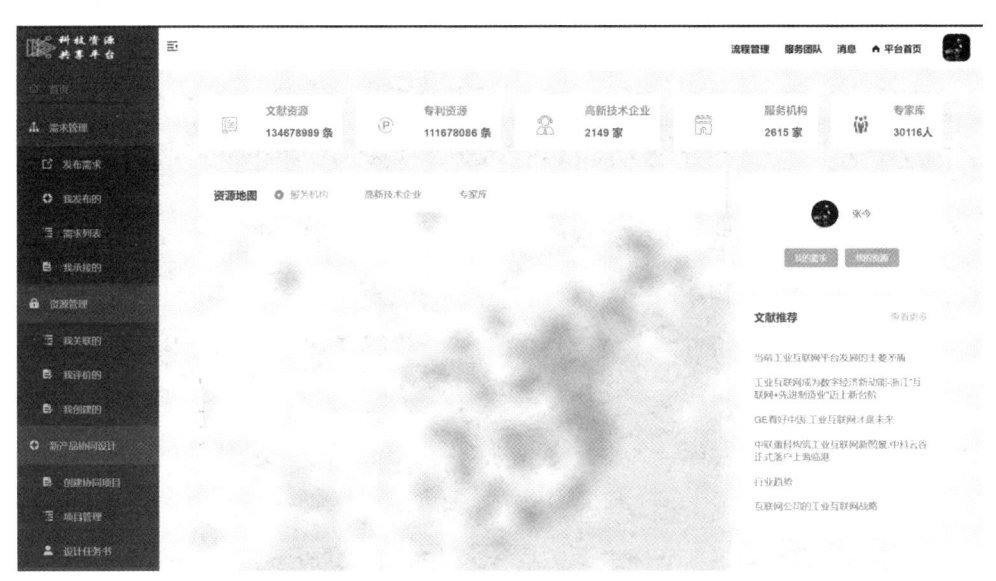

图 6-40　两类资源融合资源推荐服务

### 6.5.2 资源定制化服务——实现资源按需配置

资源按需配置服务为用户提供了一个资源服务定制化的接口，用户可通过该服务完成资源服务的基础设置、流程设计及高级设置等功能，利用如图 6-41 所示的左侧工具栏，根据自身的实际需求完成服务流程的绘制，并提交后台审核后完成资源服务的个性化定制。该服务是两类资源高度融合后产生的成果之一。

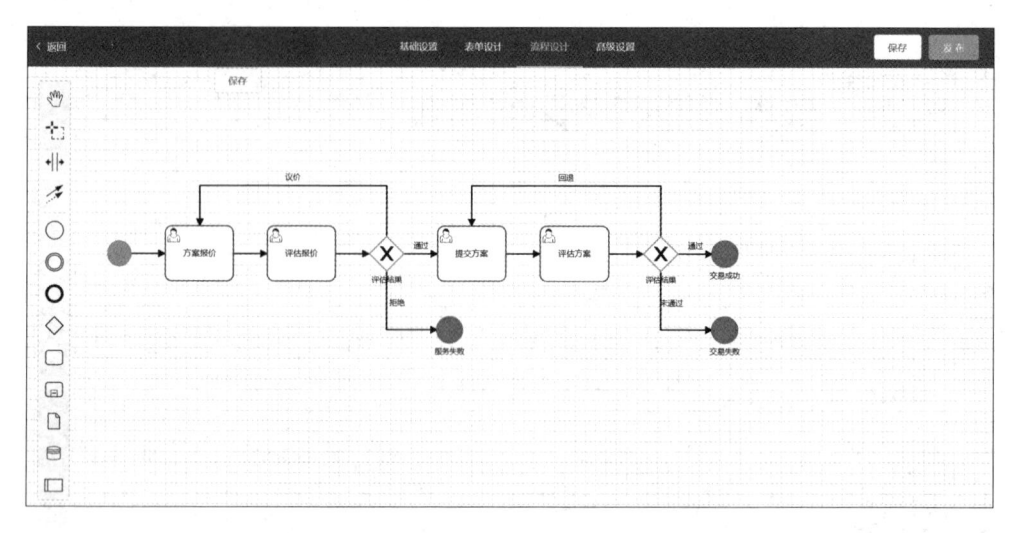

图 6-41　资源定制化服务

### 6.5.3　支持创新设计的融合资源优选服务

支持创新设计的融合资源优选服务为科技服务平台用户提供了一个支持创新设计业务的协同服务构件，它可以帮助企业根据自身任务需求，在科技服务平台上寻找创新型设计解决方案。位于科技服务平台的创新设计业务模块中，该平台入口在首页的构件库模块中。该构件系统主要功能包括需求管理、需求发布、设计管理、设计发布等功能，为用户寻找优秀的创新设计做好功能基础，为用户推荐最符合需求的设计方案。

具体功能模块包括新增需求、需求管理、需求详情查看、修改需求记录、新增子任务、创新设计发布等，如图 6-42 所示。

### 6.5.4　支持供需协同的跨链资源筛选服务

支持供需协同的跨链资源筛选服务主要涵盖了企业信息管理、企业人员信息管理、流通需求任务筛选、流通执行情况查询等模块，如图 6-43 所示。它可以帮助企业根据自身任务需求，在平台上寻找合作伙伴，并对合作项目的进展进行实时关注。它位于科技服务平台的合作伙伴筛选模块中，该平台入口在首页的构件

# 第 6 章 分布式科技资源巨系统部署实现

库模块中。该构件系统主要功能包括任务需求分析、企业数据筛选、企业信息管理等功能，为用户寻找合作伙伴做好筛选、匹配和协调工作，为用户推荐最符合需求的合作伙伴。

图 6-42 支持创新设计的融合资源优选服务

图 6-43 支持供需协同的跨链资源筛选服务

# 分布式科技资源巨系统及资源协同理论

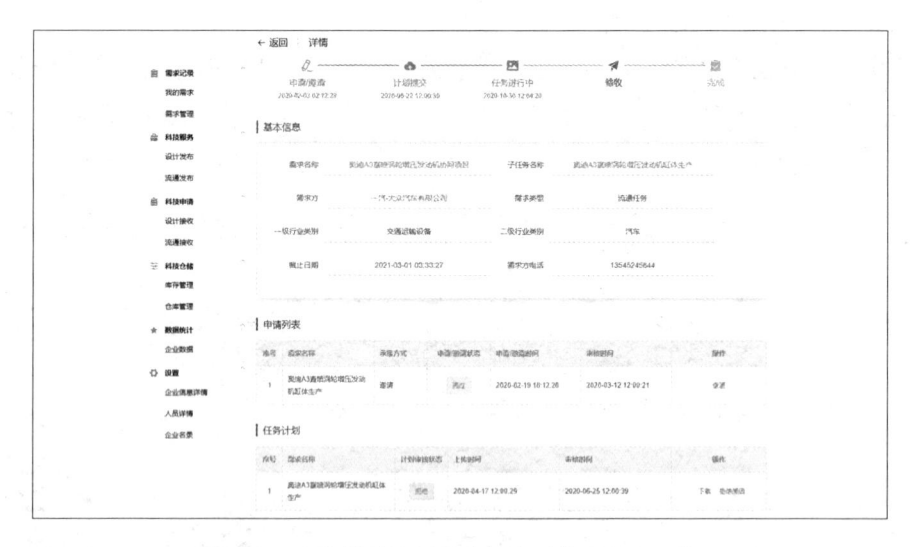

图 6-43  支持供需协同的跨链资源筛选服务（续）

## ▶ 6.5.5  支持检验检测的多核资源置顶服务

支持检验检测的多核资源置顶服务为科技服务平台用户提供了一个支持检验检测业务的协同服务构件。其位于科技服务平台的检验检测模块中，该平台入口在首页的构件库模块中，具体界面信息如图 6-44 所示。该构件系统主要功能包括

图 6-44  支持检验检测的多核资源置顶服务

检测需求分析、科研机构搜索、检测项目推荐、仪器库推荐及机构信息搜索等功能,为用户寻找所需的检验检测业务做好筛选、匹配和协调,为用户推荐最符合需求的组合资源。

# 第7章 分布式科技资源巨系统构件开发

## 7.1 分布式科技资源库

### 7.1.1 分布式专业科技资源库

1. 分布式专业科技资源库——万方科技资源

1）中文专利资源（见图 7-1）

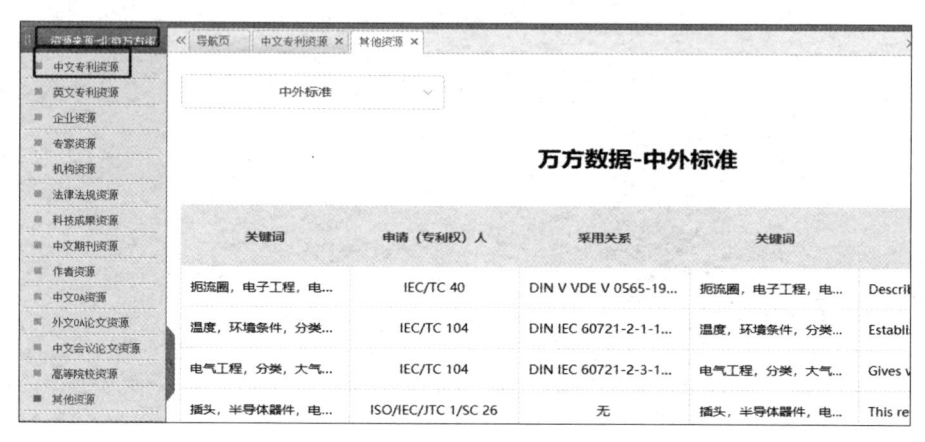

图 7-1　中文专利资源

2）企业资源（见图 7-2）

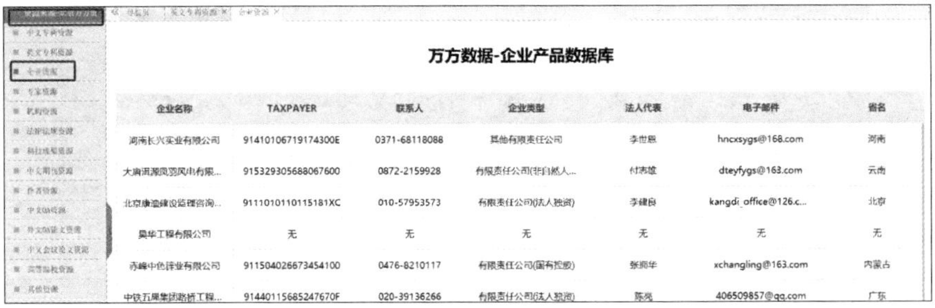

万方数据-企业产品数据库

| 企业名称 | TAXPAYER | 联系人 | 企业类型 | 法人代表 | 电子邮件 | 省名 |
|---|---|---|---|---|---|---|
| 河南长兴实业有限公司 | 91410106719174300E | 0371-68118088 | 其他有限责任公司 | 李世恩 | hncxsygs@168.com | 河南 |
| 大唐洱源凤羽风电有限... | 915329305688067600 | 0872-2159928 | 有限责任公司(非自然人... | 付志雄 | dteyfygs@163.com | 云南 |
| 北京康迪建设监理咨询... | 91110101101151 81XC | 010-57953573 | 有限责任公司(法人独资) | 李健良 | kangdi_office@126.c... | 北京 |
| 昊华工程有限公司 | 无 | 无 | 无 | 无 | 无 | 无 |
| 赤峰中色锌业有限公司 | 911504026673454100 | 0476-8210117 | 有限责任公司(国有控股) | 张照华 | xchangling@163.com | 内蒙古 |
| 中铁五局集团路桥工程... | 91440115685247670F | 020-39136266 | 有限责任公司(法人独资) | 陈亮 | 406509857@qq.com | 广东 |

图 7-2　企业资源

3）机构资源（见图 7-3）

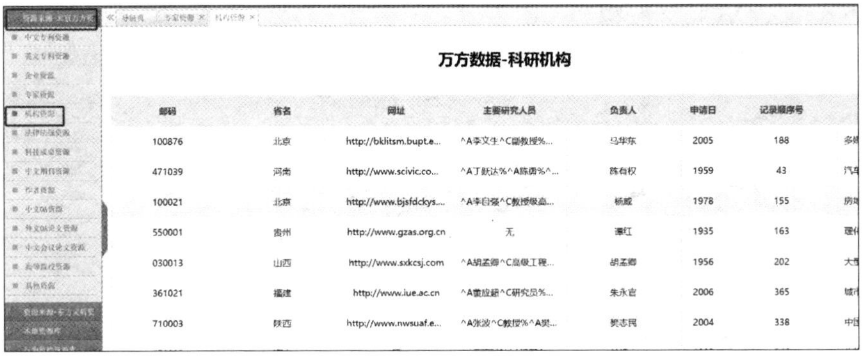

万方数据-科研机构

| 邮码 | 省名 | 网址 | 主要研究人员 | 负责人 | 申请日 | 记录顺序号 |
|---|---|---|---|---|---|---|
| 100876 | 北京 | http://bklitsm.bupt.e... | ^A李文生^C副教授%... | 马华东 | 2005 | 188 |
| 471039 | 河南 | http://www.scivic.co... | ^A丁献达%^A陈勇%^... | 陈有权 | 1959 | 43 |
| 100021 | 北京 | http://www.bjsfdckys.... | ^A李自强^C教授级高... | 杨威 | 1978 | 155 |
| 550001 | 贵州 | http://www.gzas.org.cn | 无 | 谭红 | 1935 | 163 |
| 030013 | 山西 | http://www.sxkcsj.com | ^A胡孟卿^C高级工程... | 胡孟卿 | 1956 | 202 |
| 361021 | 福建 | http://www.iue.ac.cn | ^A董应超^C研究员%... | 朱永官 | 2006 | 365 |
| 710003 | 陕西 | http://www.nwsuaf.e... | ^A张波^C教授%^A樊... | 樊志民 | 2004 | 338 |

图 7-3　机构资源

4）科技成果资源（见图 7-4）

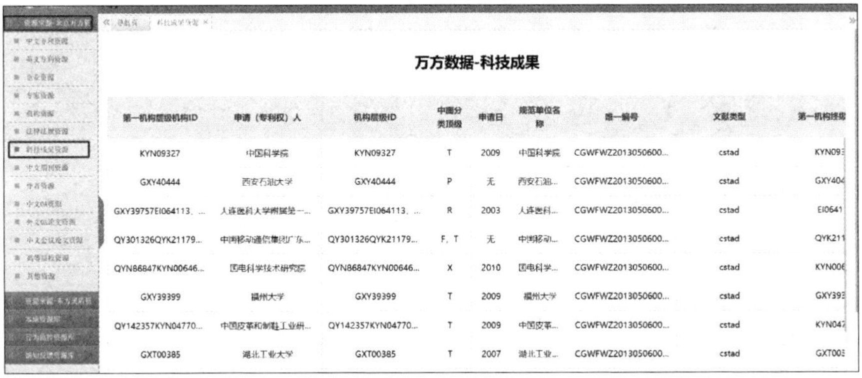

万方数据-科技成果

| 第一机构层级机构ID | 申请（专利权）人 | 机构层级ID | 中图分类顶级 | 申请日 | 规范单位名称 | 唯一编号 | 文献类型 | 第一机构终级 |
|---|---|---|---|---|---|---|---|---|
| KYN09327 | 中国科学院 | KYN09327 | T | 2009 | 中国科学院 | CGWFWZ2013050600... | cstad | KYN093 |
| GXY40444 | 西安石油大学 | GXY40444 | P | 无 | 西安石油... | CGWFWZ2013050600... | cstad | GXY404 |
| GXY39757EI064113, ... | 大连医科大学附属第一... | GXY39757EI064113, ... | R | 2003 | 大连医科... | CGWFWZ2013050600... | cstad | EI0641 |
| QY301326QYK21179... | 中国移动通信集团广东... | QY301326QYK21179... | F, T | 无 | 中国移动... | CGWFWZ2013050600... | cstad | QYK211 |
| QYN86847KYN00646... | 国电科学技术研究院 | QYN86847KYN00646... | X | 2010 | 国电科学... | CGWFWZ2013050600... | cstad | KYN006 |
| GXY39399 | 福州大学 | GXY39399 | T | 2009 | 福州大学 | CGWFWZ2013050600... | cstad | GXY393 |
| QY142357KYN04770... | 中国皮革和制鞋工业研... | QY142357KYN04770... | T | 2009 | 中国皮革... | CGWFWZ2013050600... | cstad | KYN047 |
| GXT00385 | 湖北工业大学 | GXT00385 | T | 2007 | 湖北工业... | CGWFWZ2013050600... | cstad | GXT003 |

图 7-4　科技成果资源

5) 作者资源（见图 7-5）

图 7-5 作者资源

6) 外文 OA 论文资源（见图 7-6）

图 7-6 外文 OA 论文资源

7) 高等院校资源（见图 7-7）

图 7-7 高等院校资源

# 第 7 章 分布式科技资源巨系统构件开发

2. 分布式专业科技资源池—东方灵盾专利资源（见图 7-8）

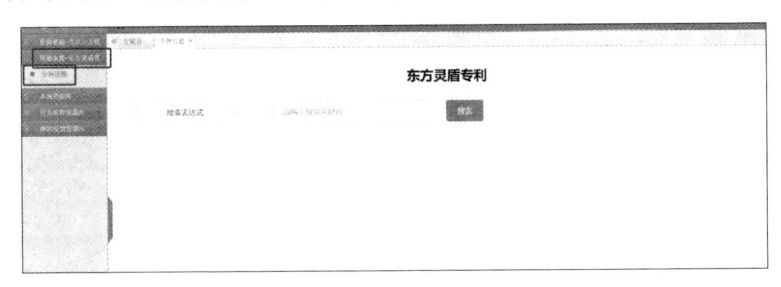

图 7-8 分布式专业科技资源池—东方灵盾专利资源

3. 分布式专业科技资源池—本地资源库

1) 英文专利资源（见图 7-9）

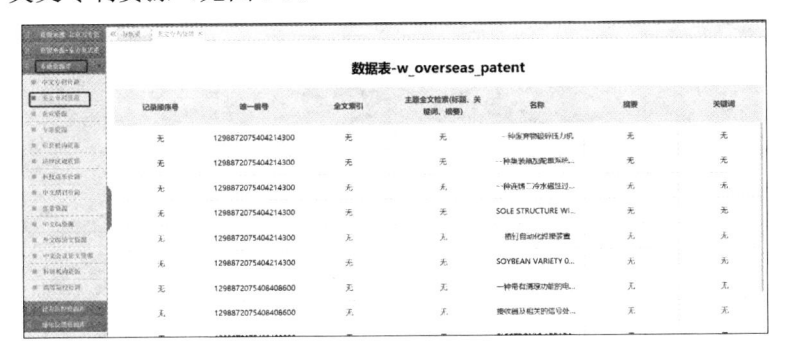

图 7-9 英文专利资源

2) 专家资源（见图 7-10）

图 7-10 专家资源

3）法律法规资源（见图 7-11）

图 7-11　法律法规资源

4）中文期刊资源（见图 7-12）

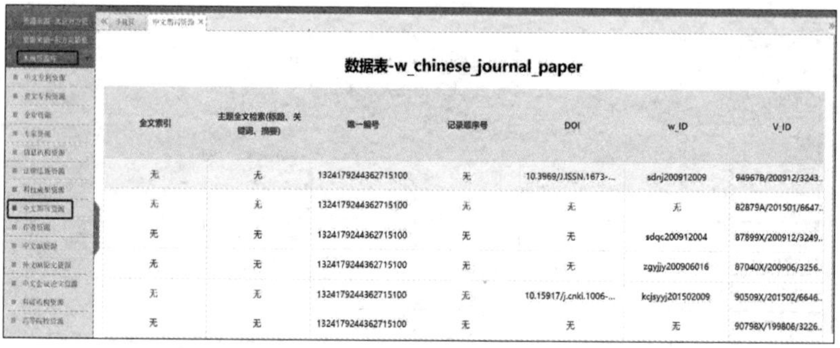

图 7-12　中文期刊资源

5）外文 OA 论文资源（见图 7-13）

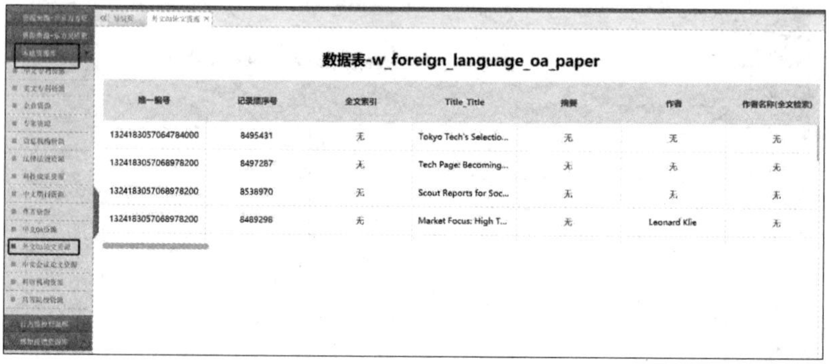

图 7-13　外文 OA 论文资源

6) 中文会议论文资源（见图7-14）

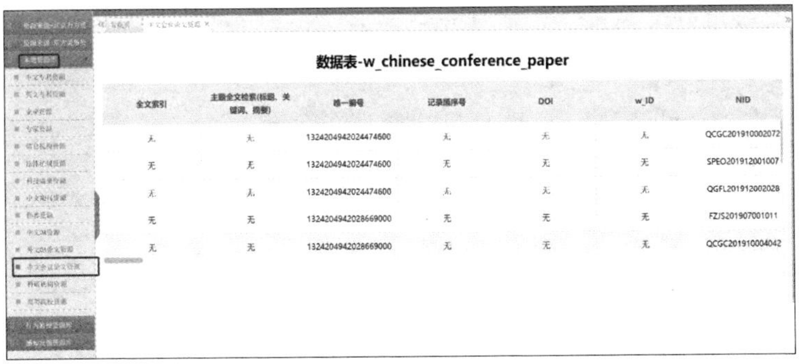

图7-14 中文会议论文资源

7) 高等院校资源（见图7-15）

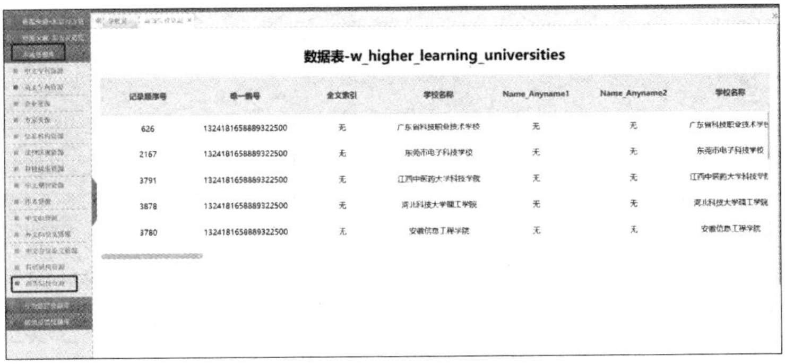

图7-15 高等院校资源

4. 分布式专业科技资源行为监控资源库（见图7-16）

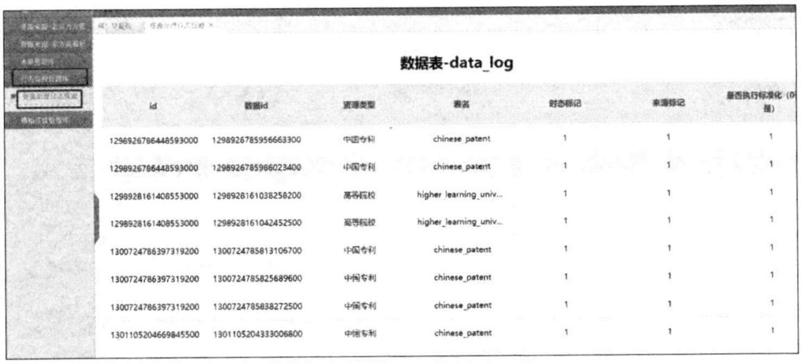

图7-16 分布式专业科技资源行为监控资源库

5. 分布式专业科技资源感知反馈资源库

1) 哈长城市群反馈仪器资源（见图7-17）

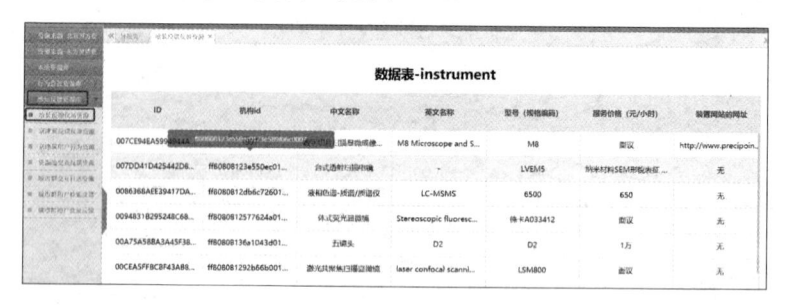

图 7-17　哈长城市群反馈仪器资源

2) 京津冀城市群反馈仪器资源（见图7-18）

图 7-18　京津冀城市群反馈仪器资源

3) 京津冀城市群用户行为资源（见图7-19）

图 7-19　京津冀城市群用户行为资源

4）资源库交互反馈资源（见图 7-20）

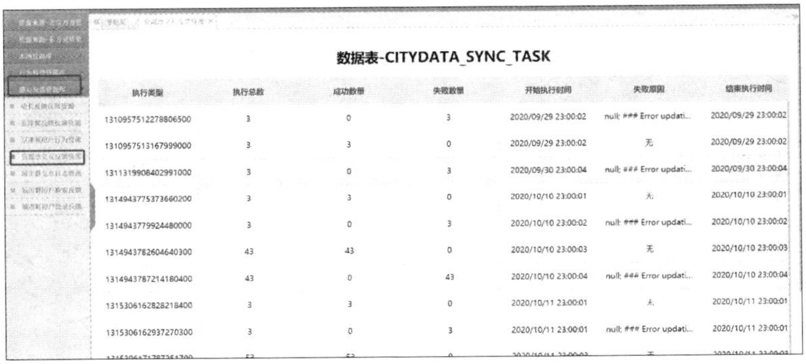

数据表-CITYDATA_SYNC_TASK

| 执行类型 | 执行总数 | 成功数量 | 失败数量 | 开始执行时间 | 失败原因 | 结束执行时间 |
|---|---|---|---|---|---|---|
| 1310957512278806500 | 3 | 0 | 3 | 2020/09/29 23:00:02 | null; ### Error updati... | 2020/09/29 23:00:02 |
| 1310957513167999000 | 3 | 3 | 0 | 2020/09/29 23:00:02 | 无 | 2020/09/29 23:00:02 |
| 1311319908402991000 | 3 | 0 | 3 | 2020/09/30 23:00:04 | null; ### Error updati... | 2020/09/30 23:00:04 |
| 1314943775373660200 | 3 | 3 | 0 | 2020/10/10 23:00:01 | 无 | 2020/10/10 23:00:01 |
| 1314943779924480000 | 3 | 0 | 3 | 2020/10/10 23:00:02 | null; ### Error updati... | 2020/10/10 23:00:02 |
| 1314943782604640300 | 43 | 43 | 0 | 2020/10/10 23:00:03 | 无 | 2020/10/10 23:00:03 |
| 1314943787214180400 | 43 | 0 | 43 | 2020/10/10 23:00:04 | null; ### Error updati... | 2020/10/10 23:00:04 |
| 1315306162828218400 | 3 | 3 | 0 | 2020/10/11 23:00:01 | 无 | 2020/10/11 23:00:01 |
| 1315306162937270300 | 3 | 0 | 3 | 2020/10/11 23:00:01 | null; ### Error updati... | 2020/10/11 23:00:01 |

图 7-20　资源库交互反馈资源

5）城市群交互日志资源（见图 7-21）

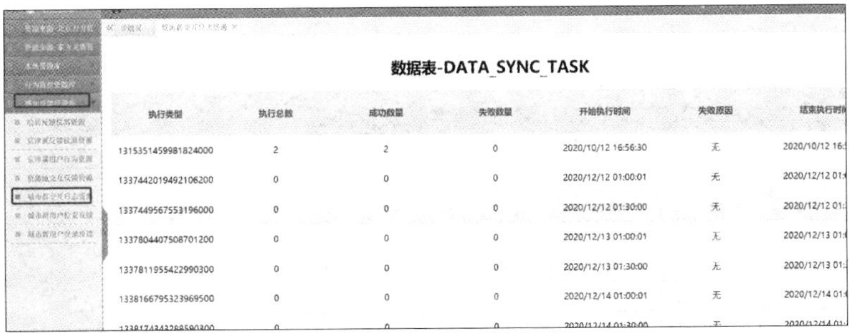

数据表-DATA_SYNC_TASK

| 执行类型 | 执行总数 | 成功数量 | 失败数量 | 开始执行时间 | 失败原因 | 结束执行时 |
|---|---|---|---|---|---|---|
| 1315351459981824000 | 2 | 2 | 0 | 2020/10/12 16:56:30 | 无 | 2020/10/12 16: |
| 1337442019492106200 | 0 | 0 | 0 | 2020/12/12 01:00:01 | 无 | 2020/12/12 01: |
| 1337449567553196000 | 0 | 0 | 0 | 2020/12/12 01:30:00 | 无 | 2020/12/12 01: |
| 1337804407508701200 | 0 | 0 | 0 | 2020/12/13 01:00:01 | 无 | 2020/12/13 01: |
| 1337811955422990300 | 0 | 0 | 0 | 2020/12/13 01:30:00 | 无 | 2020/12/13 01: |
| 1338166795323969500 | 0 | 0 | 0 | 2020/12/14 01:00:01 | 无 | 2020/12/14 01: |

图 7-21　城市群交互日志资源

6）城市群用户检索反馈资源（见图 7-22）

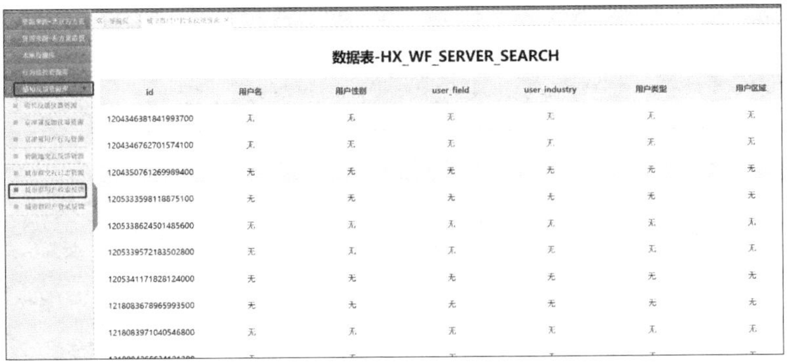

数据表-HX_WF_SERVER_SEARCH

| id | 用户名 | 用户性别 | user_field | user_industry | 用户类型 | 用户区域 |
|---|---|---|---|---|---|---|
| 1204346381841993700 | 无 | 无 | 无 | 无 | 无 | 无 |
| 1204346762701574100 | 无 | 无 | 无 | 无 | 无 | 无 |
| 1204350761269989400 | 无 | 无 | 无 | 无 | 无 | 无 |
| 1205333598118875100 | 无 | 无 | 无 | 无 | 无 | 无 |
| 1205338624501485600 | 无 | 无 | 无 | 无 | 无 | 无 |
| 1205339572183502800 | 无 | 无 | 无 | 无 | 无 | 无 |
| 1205341171828124000 | 无 | 无 | 无 | 无 | 无 | 无 |
| 1218083678965993500 | 无 | 无 | 无 | 无 | 无 | 无 |
| 1218083971040546800 | 无 | 无 | 无 | 无 | 无 | 无 |

图 7-22　城市群用户检索反馈资源

7）城市群用户登录反馈资源（见图7-23）

图7-23　城市群用户登录反馈资源

### 7.1.2　分布式业务科技资源库

**1. 分布式业务科技资源库-供应链业务资源**

1）代理商业务资源（见图7-24）

图7-24　代理商业务资源

## 第 7 章　分布式科技资源巨系统构件开发

2）供应链业务资源（见图 7-25）

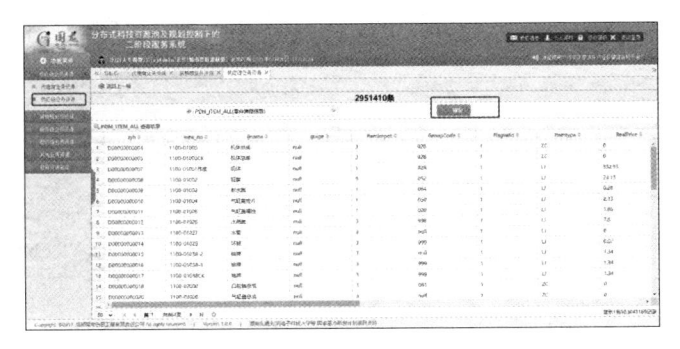

图 7-25　供应链业务资源

### 2. 分布式业务科技资源库-营销链业务资源（见图 7-26）

图 7-26　分布式业务科技资源库-营销链业务资源

### 3. 分布式业务科技资源库-服务链业务资源

1）商用车服务链业务资源（见图 7-27）

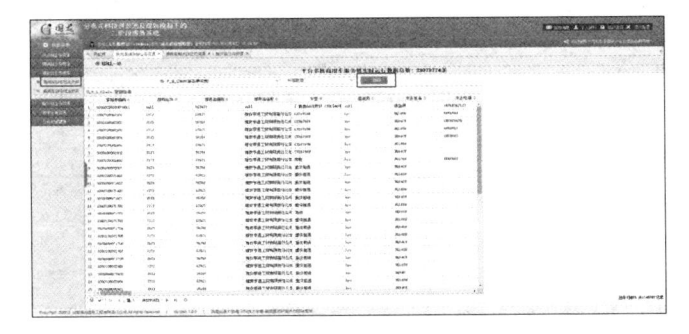

图 7-27　商用车服务链业务资源

2）乘用车服务链业务资源（见图 7-28）

图 7-28　乘用车服务链业务资源

4. 分布式业务科技资源库-配件链业务资源（见图 7-29）

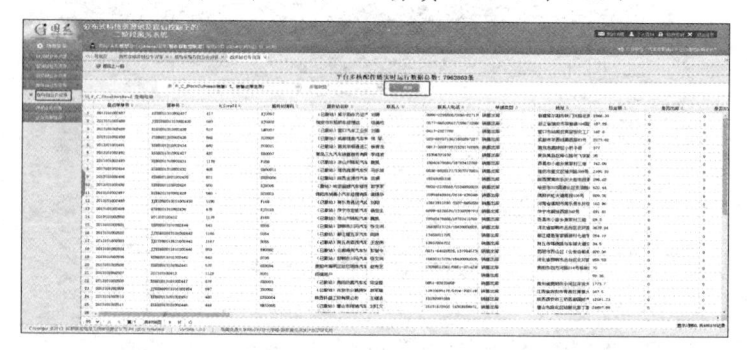

图 7-29　分布式业务科技资源库-配件链业务资源

5. 分布式业务科技资源库-其他业务资源（见图 7-30）

图 7-30　分布式业务科技资源库-其他业务资源

## 第 7 章　分布式科技资源巨系统构件开发

6. 分布式科技资源库-业务资源管理

1）配件链资源管理（见图 7-31）

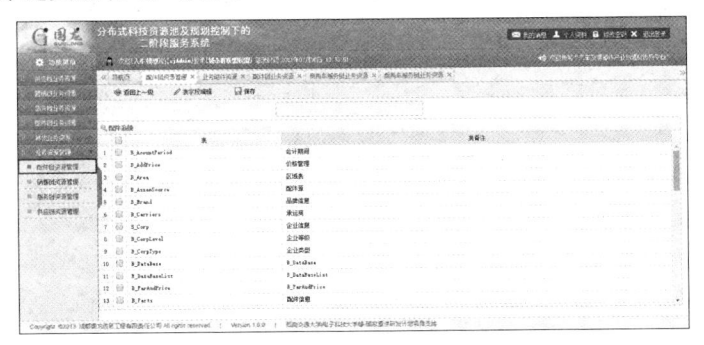

图 7-31　配件链资源管理

2）销售链资源管理（见图 7-32）

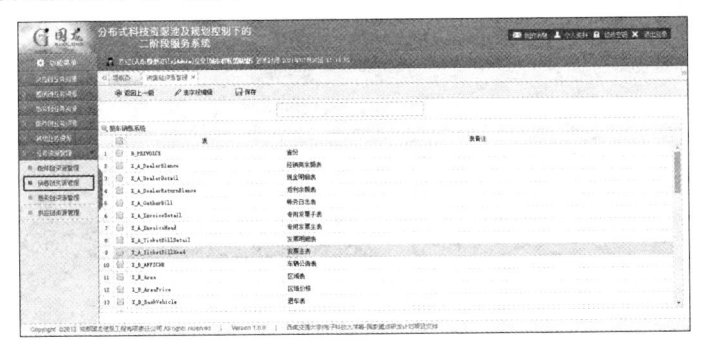

图 7-32　销售链资源管理

3）服务链资源管理（见图 7-33）

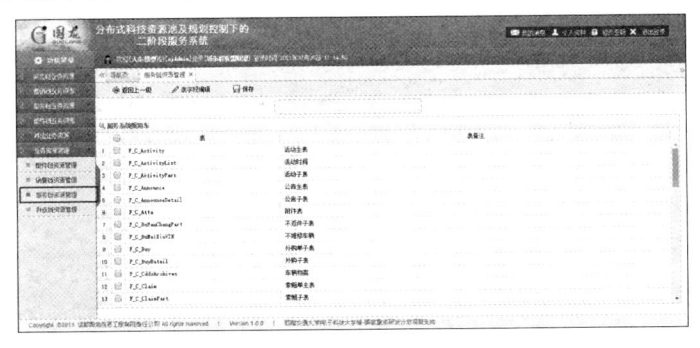

图 7-33　服务链资源管理

4）供应链资源管理（见图 7-34）

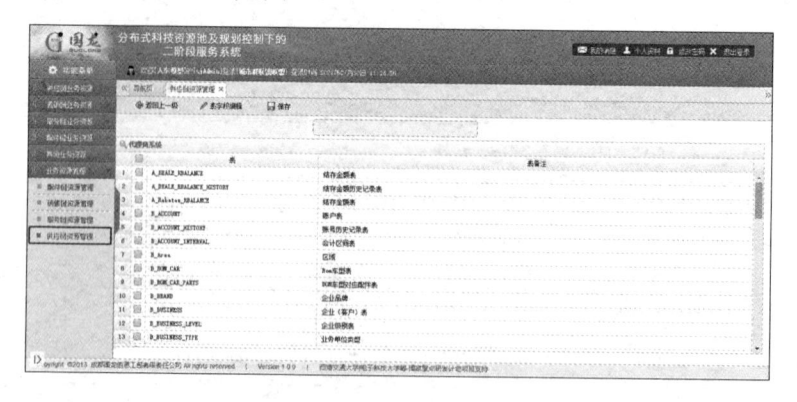

图 7-34　供应链资源管理

### 7.1.3　城市群库

**1. 分布式科技资源库-哈长城市群库**

1）中文专利资源（见图 7-35）

图 7-35　中文专利资源

# 第 7 章　分布式科技资源巨系统构件开发

2）外文期刊资源（见图 7-36）

图 7-36　外文期刊资源

3）科技成果资源（见图 7-37）

图 7-37　科技成果资源

4）法律法规资源（见图 7-38）

图 7-38　法律法规资源

5）作者信息资源（见图 7-39）

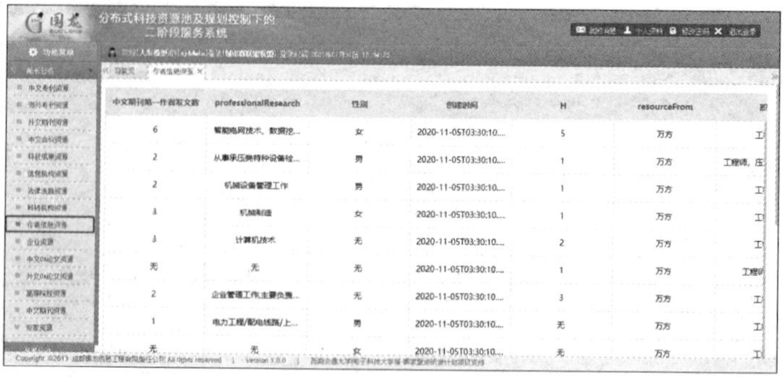

图 7-39　作者信息资源

6）中文 OA 论文资源（见图 7-40）

图 7-40　中文 OA 论文资源

7）高等院校资源（见图 7-41）

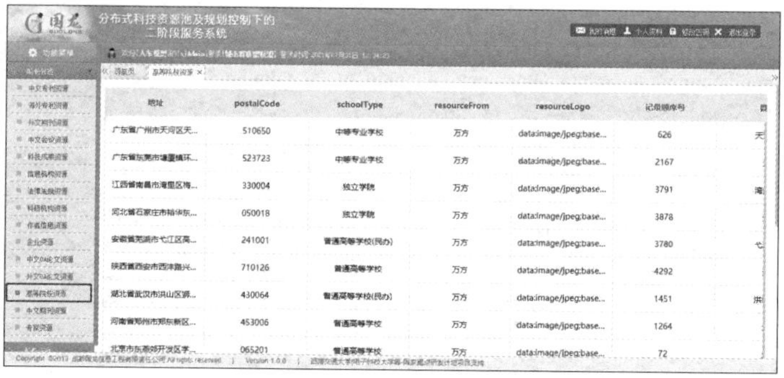

图 7-41　高等院校资源

# 第 7 章  分布式科技资源巨系统构件开发

8）专家资源（见图 7-42）

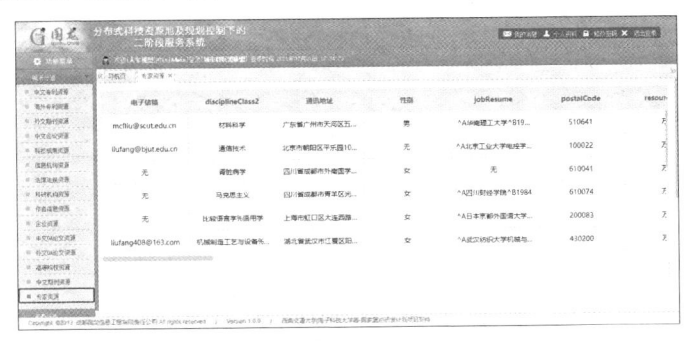

图 7-42  专家资源

## 2. 分布式科技资源库-长三角城市群库

1）国外专利资源（见图 7-43）

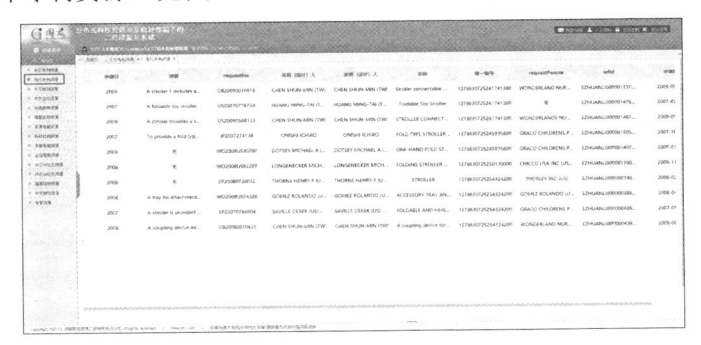

图 7-43  国外专利资源

2）中文会议资源（见图 7-44）

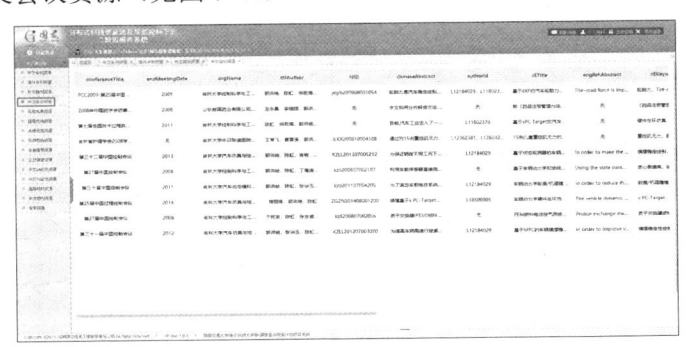

图 7-44  中文会议资源

3）信息机构资源（见图 7-45）

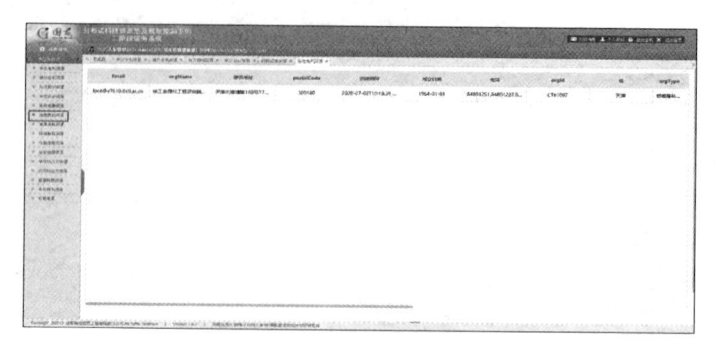

图 7-45　信息机构资源

4）科研机构资源（见图 7-46）

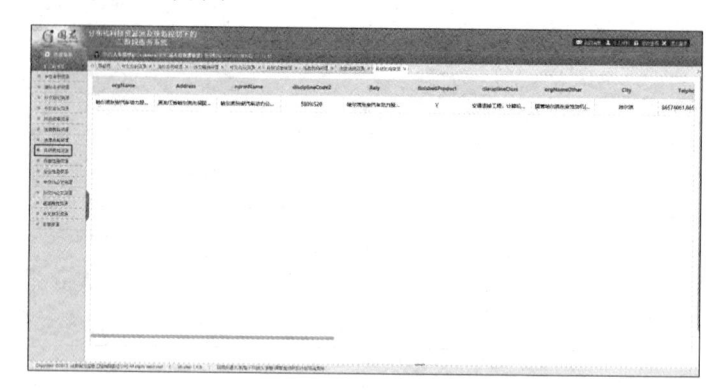

图 7-46　科研机构资源

5）企业信息资源（见图 7-47）

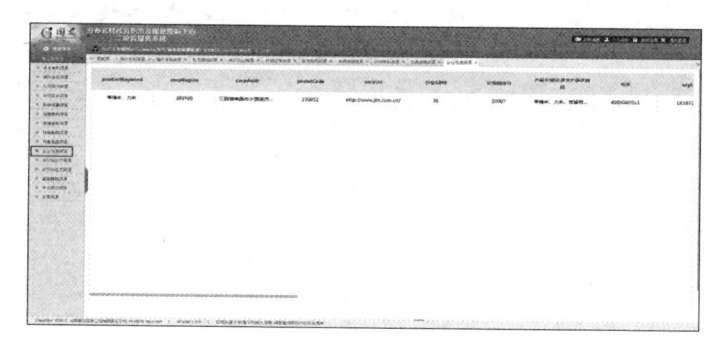

图 7-47　企业信息资源

# 第 7 章 分布式科技资源巨系统构件开发

6）外文 OA 论文资源（见图 7-48）

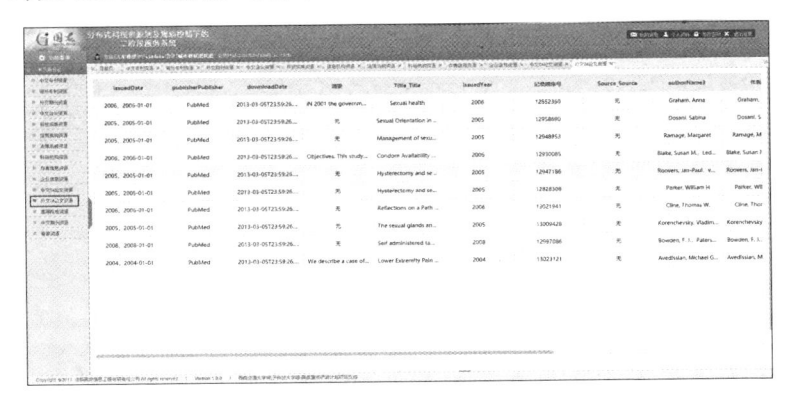

图 7-48　外文 OA 论文资源

7）中文期刊资源（见图 7-49）

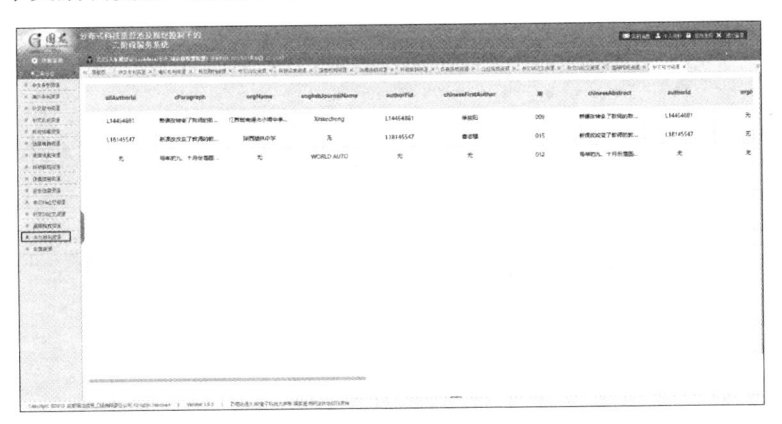

图 7-49　中文期刊资源

## 7.2 分布式科技资源治理

### 7.2.1 科技资源接入与治理

科技资源接入与治理如图 7-50 所示。

图 7-50　科技资源接入与治理

## 7.2.2　科技资源标记过程监控

1. 标记科技资源类型监控（见图 7-51）

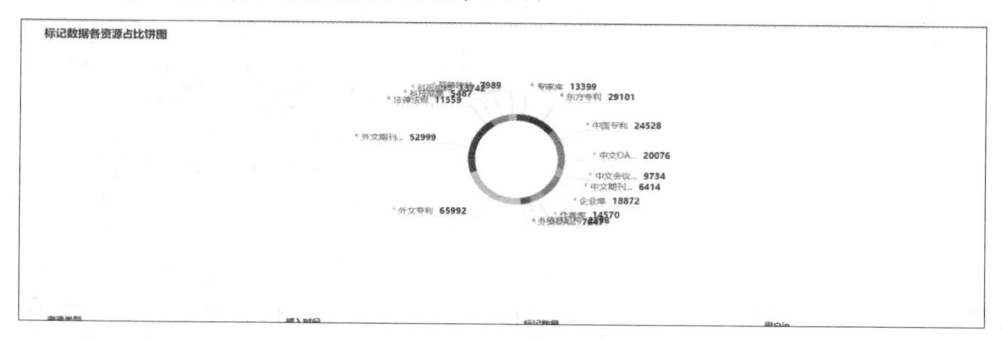

图 7-51　标记科技资源类型监控

2. 标记科技资源来源监控（见图 7-52）

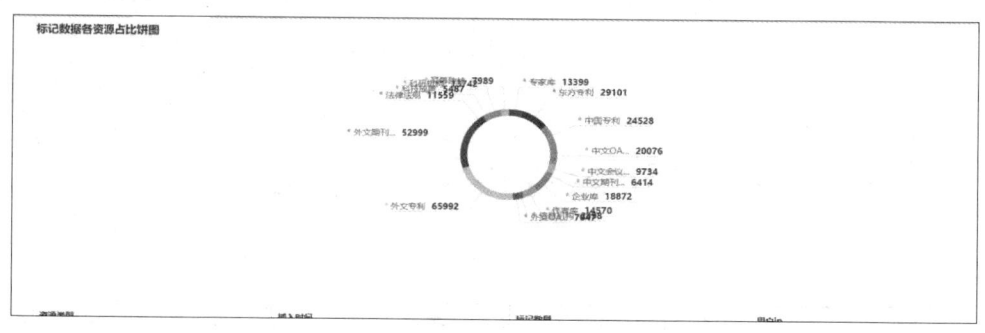

图 7-52　标记科技资源来源监控

## 第 7 章　分布式科技资源巨系统构件开发

3. 构件运行日志监控（见图 7-53）

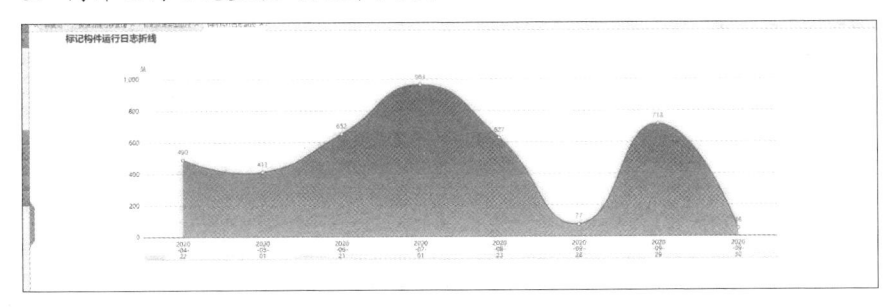

图 7-53　构件运行日志监控

4. 标记科技资源数量监控（见图 7-54）

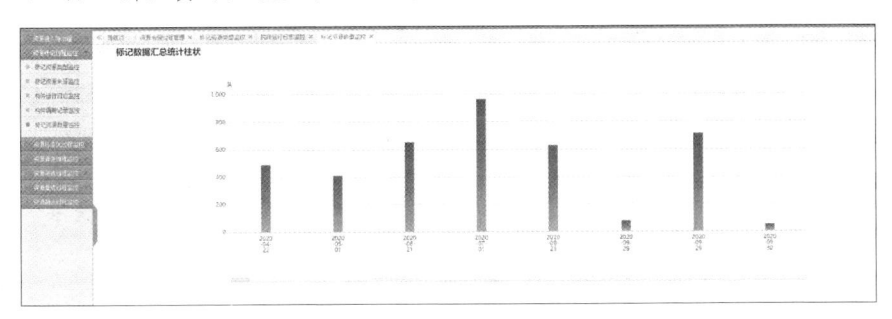

图 7-54　标记科技资源数量监控

### 7.2.3　科技资源标准化过程监控

1. 标准化科技资源类型监控（见图 7-55）

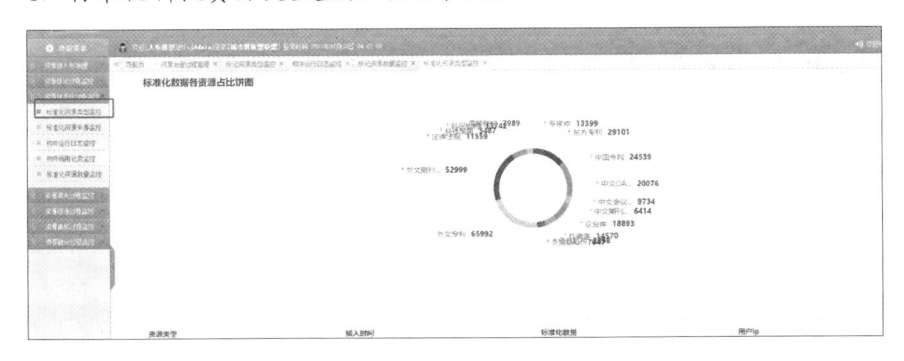

图 7-55　标准化科技资源类型监控

2. 标记科技资源来源监控（见图 7-56）

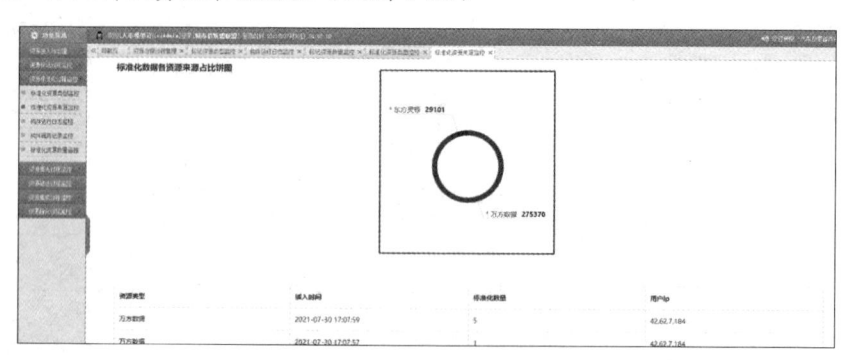

图 7-56　标记科技资源来源监控

3. 标记运行日志监控（见图 7-57）

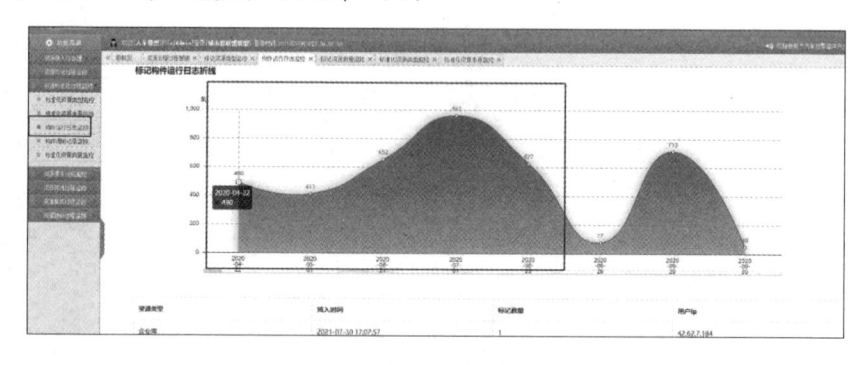

图 7-57　标记运行日志监控

4. 构件调用记录监控（见图 7-58）

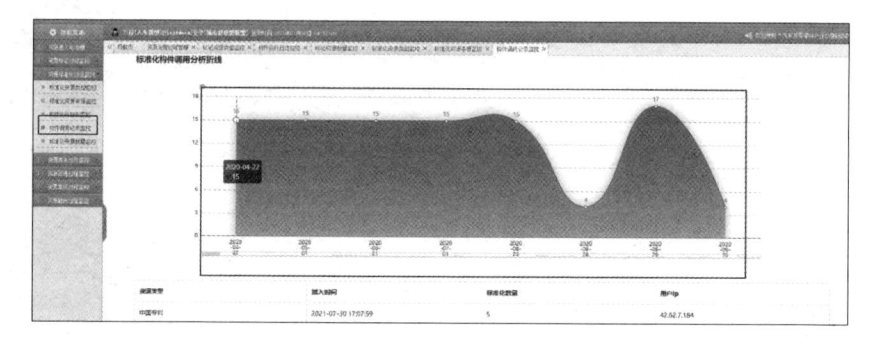

图 7-58　构件调用记录监控

# 第 7 章　分布式科技资源巨系统构件开发

5. 标准化资源数据监控（见图 7-59）

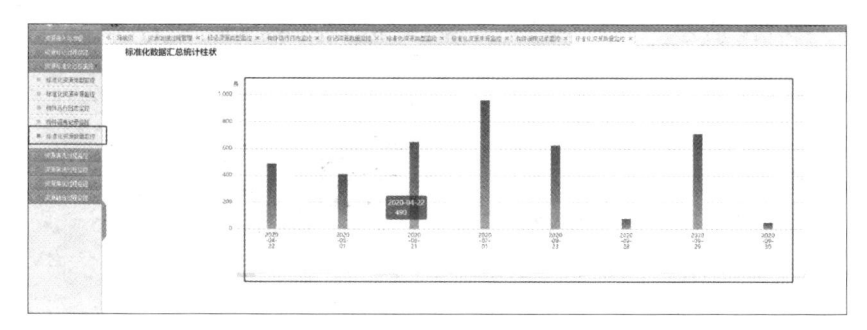

图 7-59　标准化资源数据监控

## 7.2.4　科技资源清洗过程监控

1. 清洗科技资源类型监控（见图 7-60）

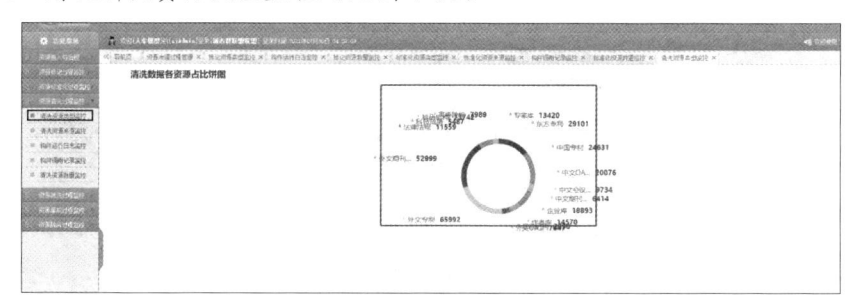

图 7-60　清洗科技资源类型监控

2. 构件运行日志监控（见图 7-61）

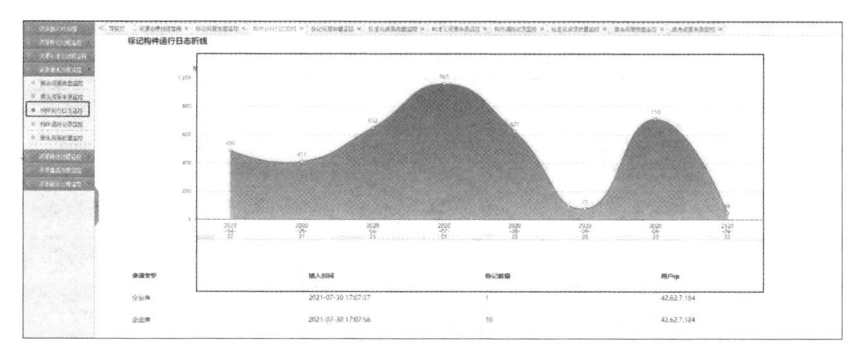

图 7-61　构件运行日志监控

3. 构件调用记录监控（见图 7-62）

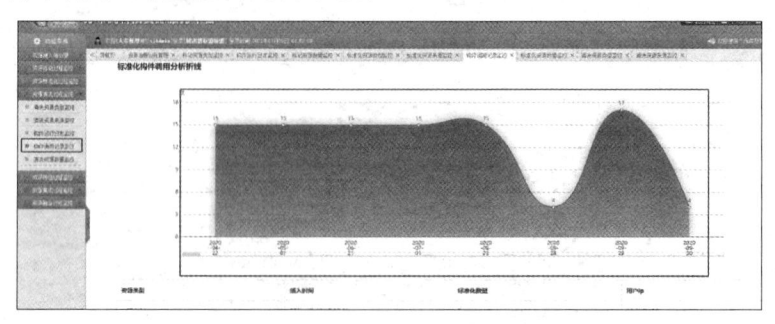

图 7-62　构件调用记录监控

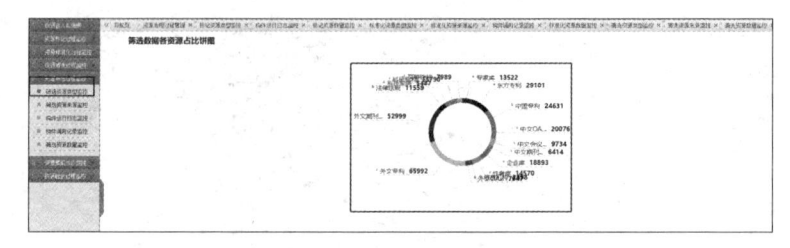

## ▶ 7.2.5　科技资源筛选过程监控

科技资源筛选过程监控如图 7-63 所示。

图 7-63　科技资源筛选过程监控

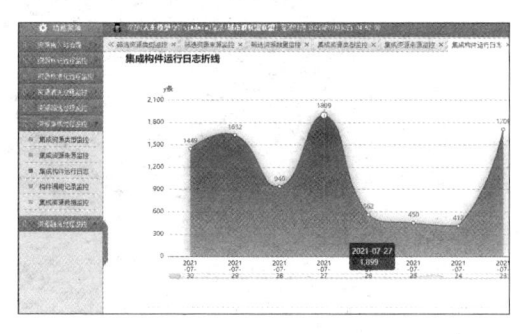

## ▶ 7.2.6　科技资源集成过程监控

科技资源集成过程监控如图 7-64 所示。

图 7-64　科技资源集成过程监控

## 第 7 章　分布式科技资源巨系统构件开发

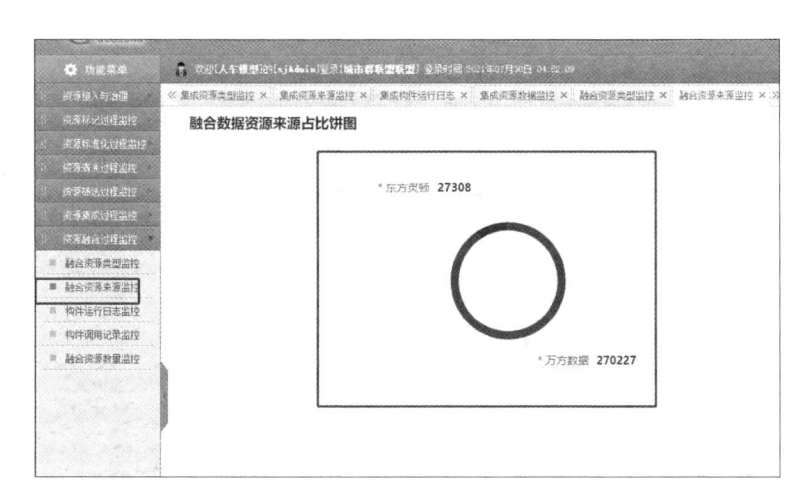

### ▶ 7.2.7　科技资源融合过程监控

科技资源融合过程监控如图 7-65 所示。

图 7-65　科技资源融合过程监控

## 7.3　分布式科技资源库管控

分布式科技资源库管理包括科技资源信息目录、科技资源分享管控、科技资源可视化定制、服务科技资源传输管控、汇聚数据分析、治理数据分析功能。

### ▶ 7.3.1　科技资源信息目录

1. 科技资源目录
1) 主界面（见图 7-66）

## 分布式科技资源巨系统及资源协同理论

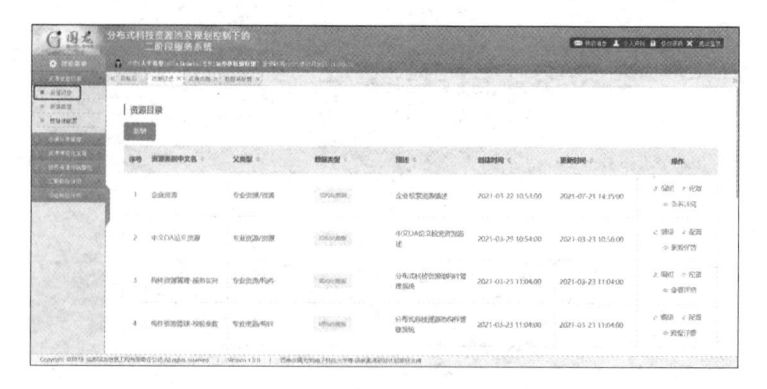

图 7-66　主界面

2）编辑界面（见图 7-67）

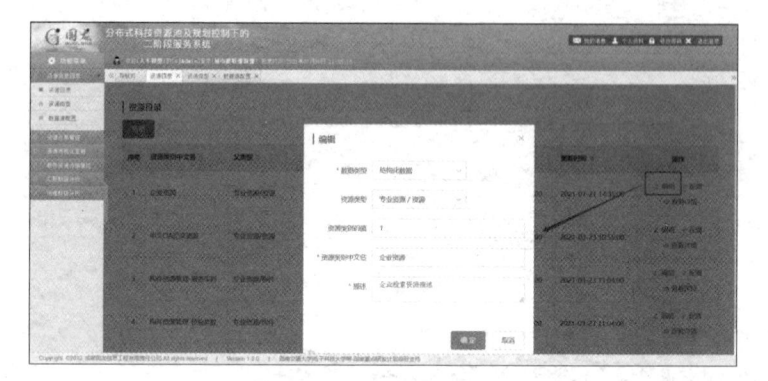

图 7-67　编辑界面

3）详情内容（见图 7-68）

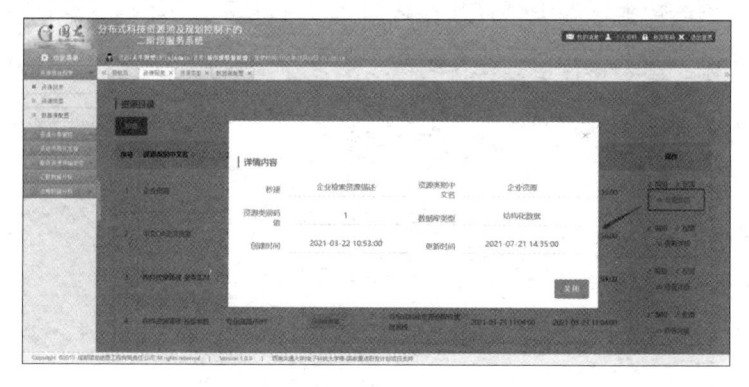

图 7-68　详情内容

2. 科技资源类型（见图 7-69）

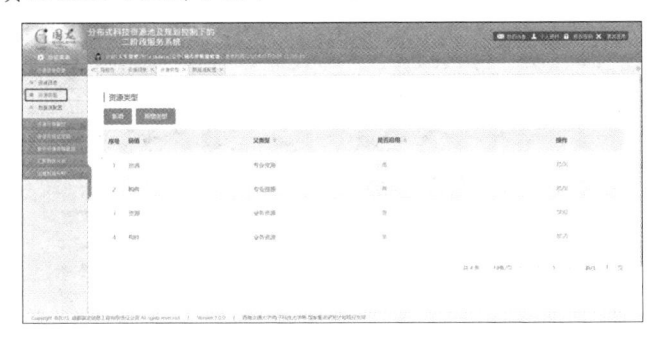

图 7-69　科技资源类型

3. 科技资源配置（见图 7-70）

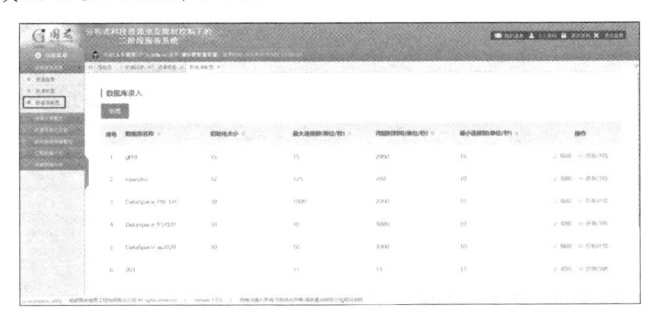

图 7-70　科技资源配置

## 7.3.2　科技资源分享管控

1. 检验参数（见图 7-71）

图 7-71　检验参数

2. 用户接入管理（见图 7-72）

图 7-72 用户接入管理

3. 路由配置管理（见图 7-73）

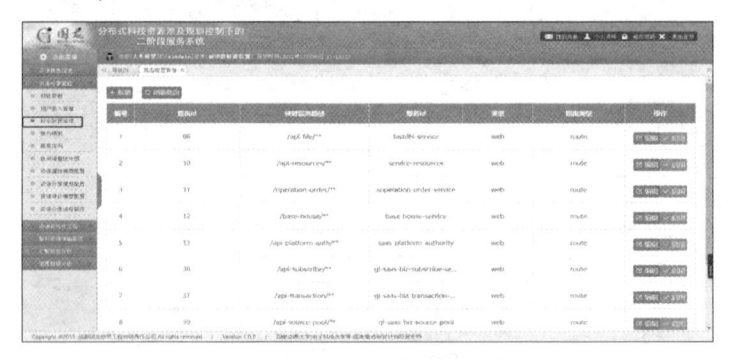

图 7-73 路由配置管理

4. 服务配置（见图 7-74）

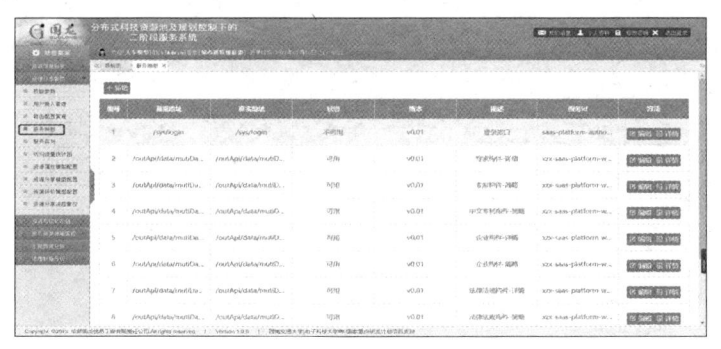

图 7-74 服务配置

## 第 7 章　分布式科技资源巨系统构件开发

5. 服务实例（见图 7-75）

图 7-75　服务实例

6. 访问流量统计图（见图 7-76）

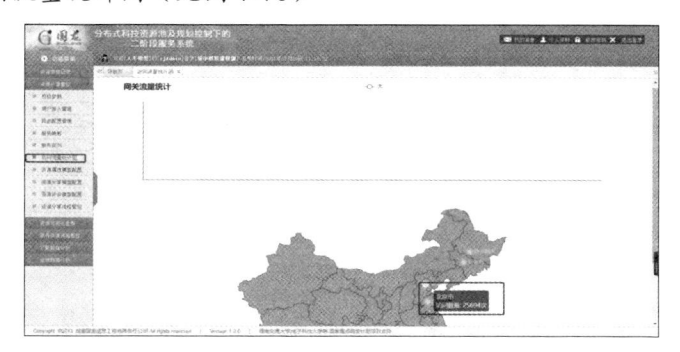

图 7-76　访问流量统计图

7. 科技资源属性模型配置（见图 7-77）

图 7-77　科技资源属性模型配置

8. 科技资源分享模型配置（见图 7-78）

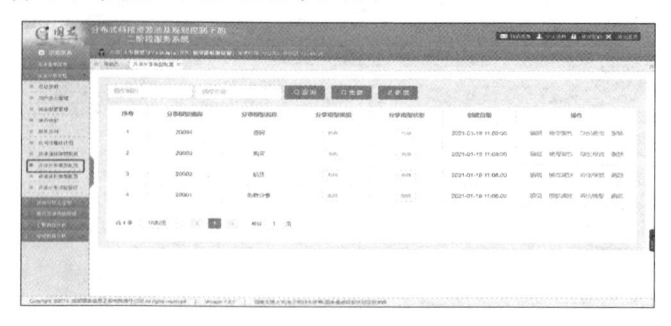

图 7-78　科技资源分享模型配置

9. 科技资源分享流程掌控（见图 7-79）

图 7-79　科技资源分享流程掌控

### ▶ 7.3.3　科技资源可视化定制

1. 数据源配置（见图 7-80）

图 7-80　数据源配置

## 第 7 章　分布式科技资源巨系统构件开发

2. 可视化构件管理（见图 7-81）

图 7-81　可视化构件管理

3. 可视化配置（见图 7-82）

图 7-82　可视化配置

4. 可视化管理（见图 7-83）

图 7-83　可视化管理

分布式科技资源巨系统及资源协同理论

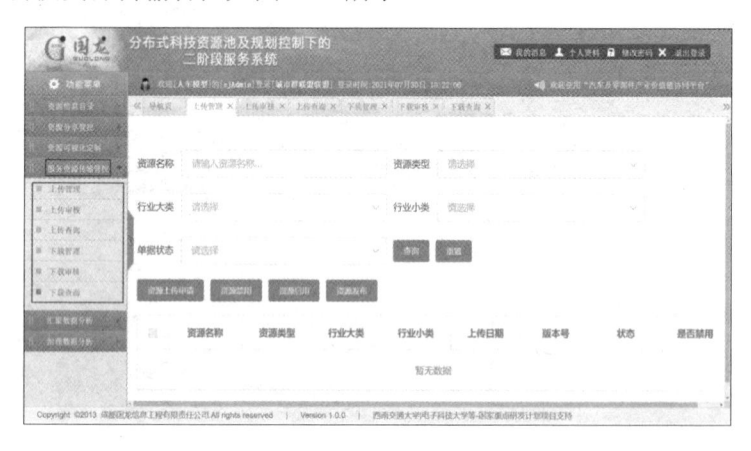

### 7.3.4 服务科技资源传输管控

服务科技资源传输管控如图 7-84 所示。

图 7-84 服务科技资源传输管控

### 7.3.5 汇聚数据分析

1. 万方资源汇聚（见图 7-85）

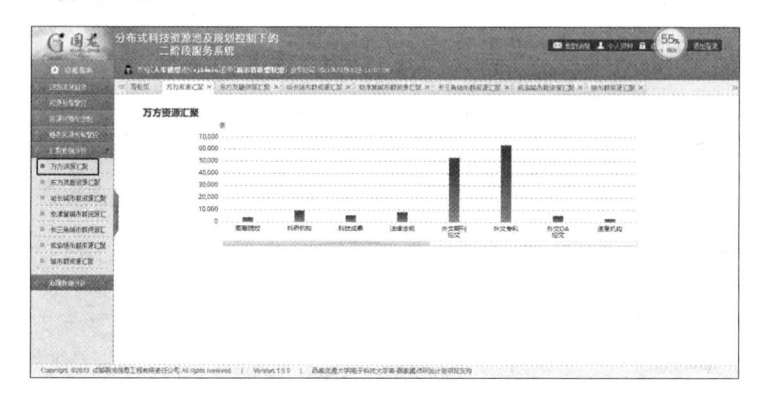

图 7-85 万方资源汇聚

# 第 7 章　分布式科技资源巨系统构件开发

2. 东方灵盾资源汇聚（见图 7-86）

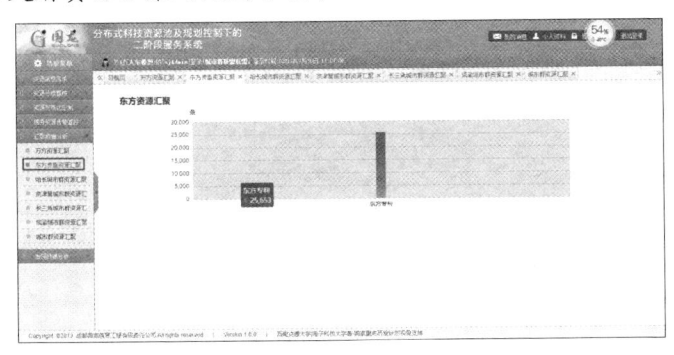

图 7-86　东方灵盾资源汇聚

3. 哈长城市群资源汇聚（见图 7-87）

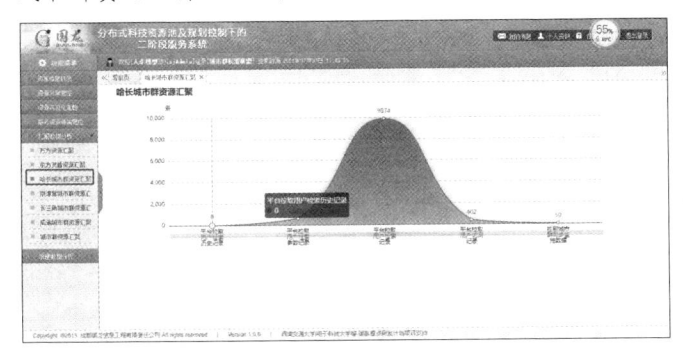

图 7-87　哈长城市群资源汇聚

4. 京津冀城市群资源汇聚（见图 7-88）

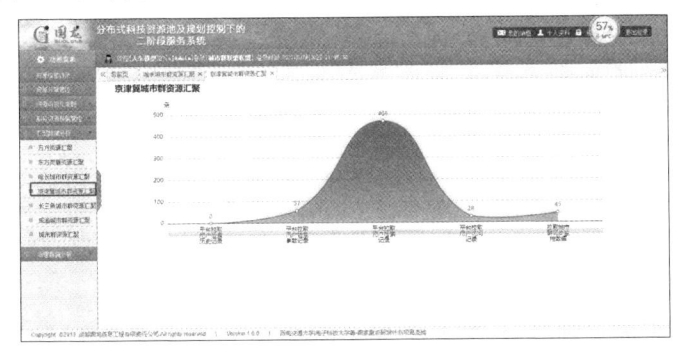

图 7-88　京津冀城市群资源汇聚

5. 长三角城市群资源汇聚（见图 7-89）

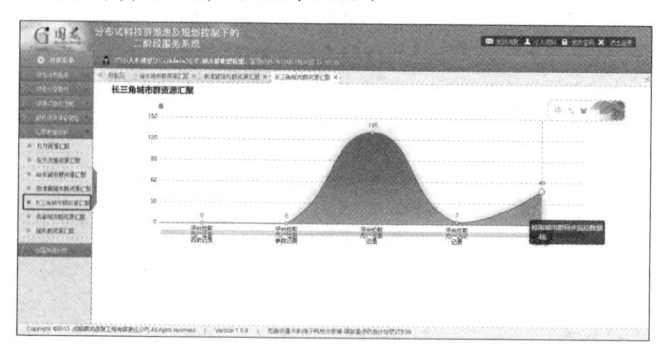

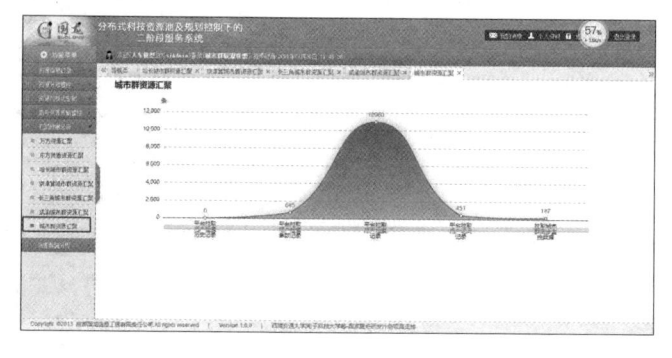

图 7-89　长三角城市群资源汇聚

6. 成渝城市群资源汇聚（见图 7-90）

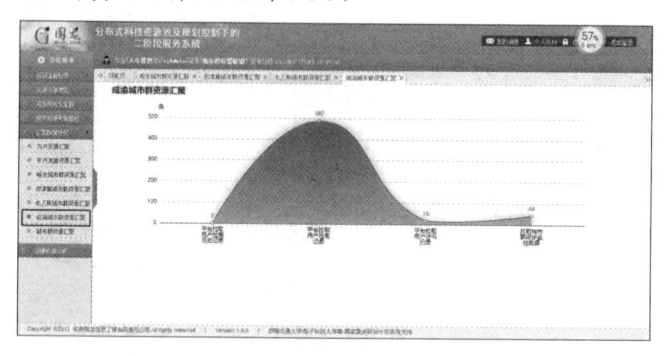

图 7-90　成渝城市群资源汇聚

7. 城市群资源汇聚（见图 7-91）

图 7-91　城市群资源汇聚

# 第 7 章 分布式科技资源巨系统构件开发

## 7.3.6 治理数据分析

1. 资源库日分析（见图 7-92）

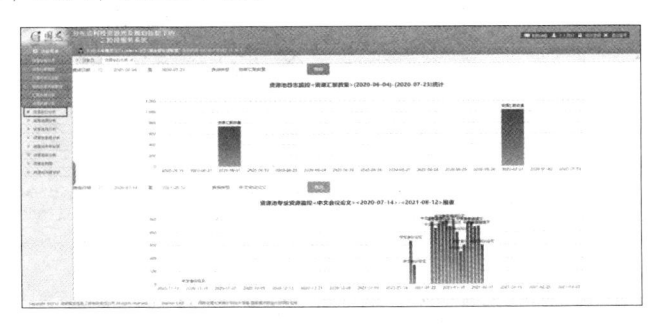

图 7-92　资源库日分析

2. 资源库月分析（见图 7-93）

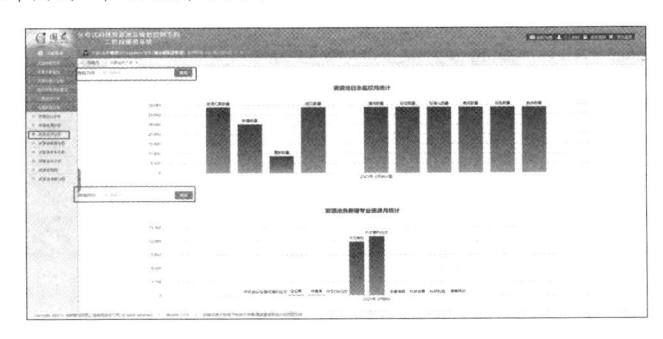

图 7-93　资源库月分析

3. 资源库半年分析（见图 7-94）

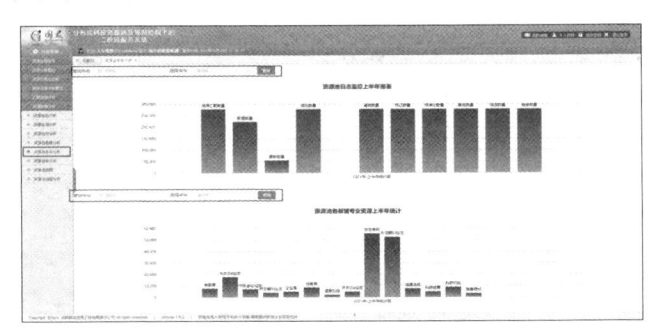

图 7-94　资源库半年分析

4. 资源库年分析（见图 7-95）

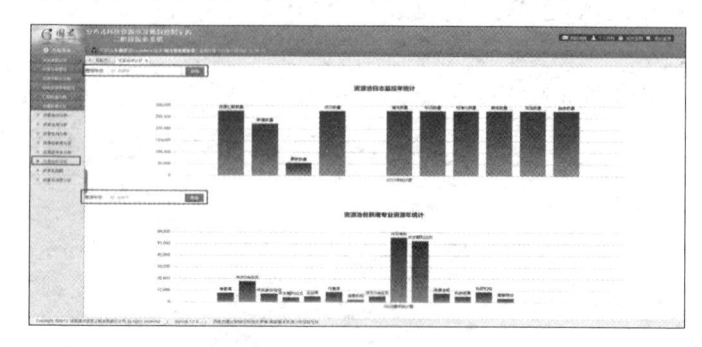

图 7-95　资源库年分析

5. 资源走势图（见图 7-96）

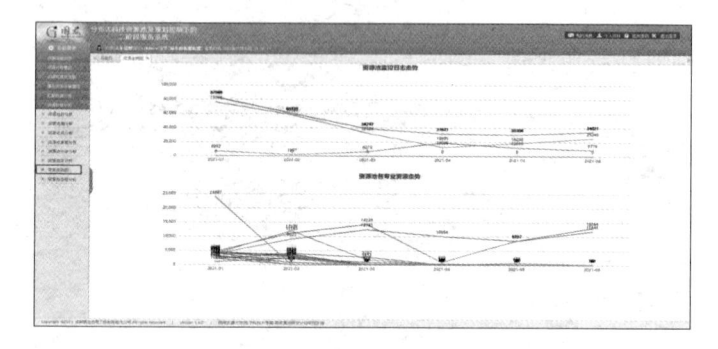

图 7-96　资源走势图

6. 资源库数据分析（见图 7-97）

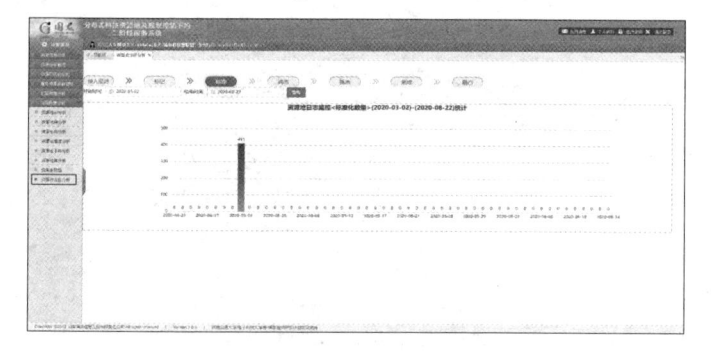

图 7-97　资源库数据分析

## 7.4 跨平台科技资源交互管理

科技资源交互功能主要包括分布式调度管理和跨平台科技资源交互监控功能。其中，分布式调度功能模块可以对分布式科技资源库进行运行调度管控；跨平台科技资源交互监控可以主要监控与京津冀平台、长三角、成渝和哈长城市群平台之间的交互情况。

### ▶ 7.4.1 分布式调度管理

运行报表（见图 7-98）

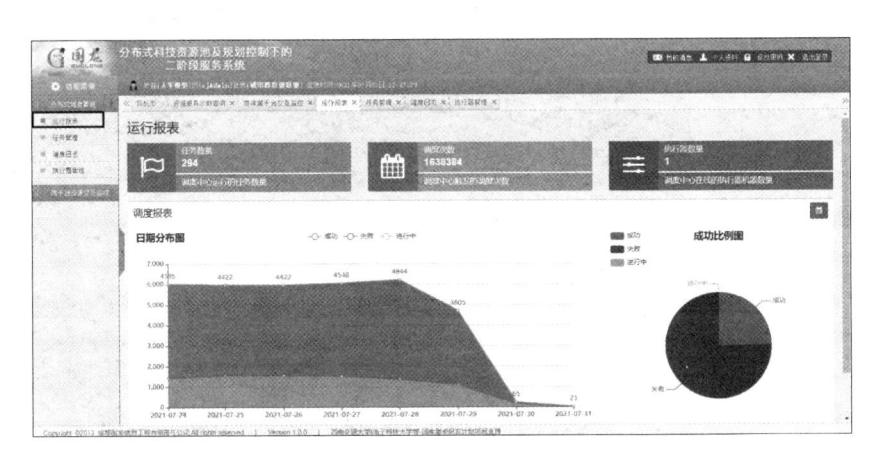

图 7-98 运行报表

### ▶ 7.4.2 跨平台科技资源交互监控

1. 京津冀城市群平台交互监控（见图 7-99）

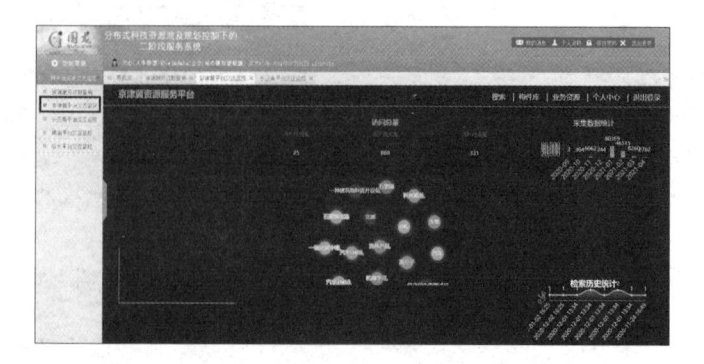

图 7-99　京津冀城市群平台交互监控

2. 长三角城市群平台交互监控（见图 7-100）

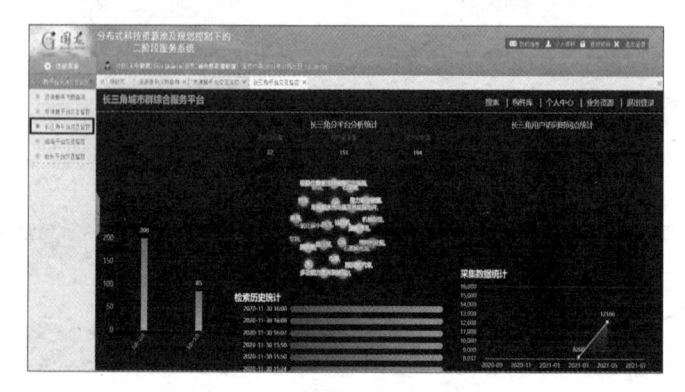

图 7-100　长三角城市群平台交互监控

3. 成渝城市群平台交互监控（见图 7-101）

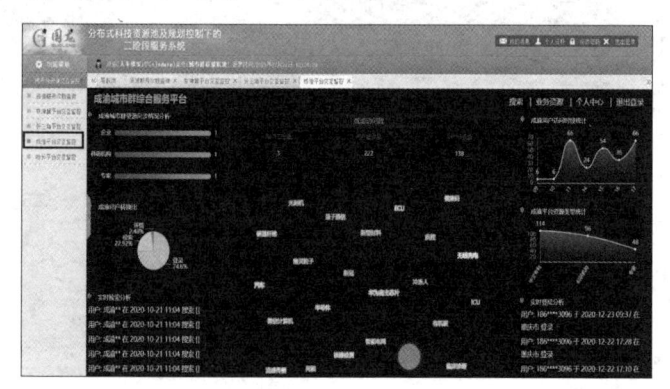

图 7-101　成渝城市群平台交互监控

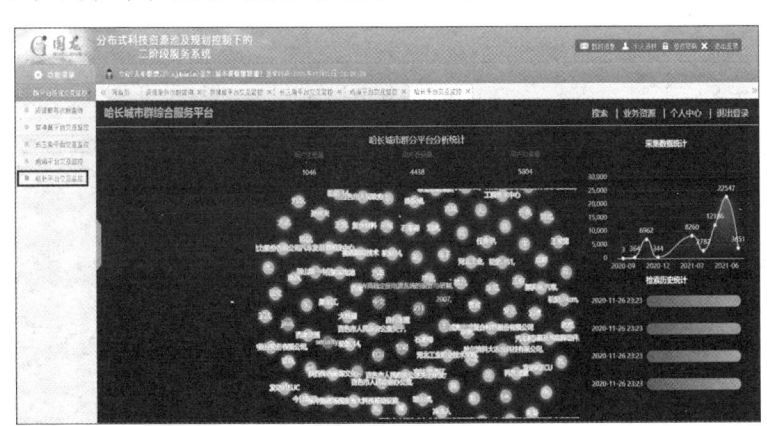

4. 哈长城市群平台交互监控（见图 7-102）

图 7-102　哈长城市群平台交互监控

## 7.5　一阶段求解构件资源库

基于分布式科技资源库及规划控制下的二阶段求解理论研发了规划控制下的二阶段服务系统，形成了求解服务构件资源库。一阶段求解构件资源库包括资源聚集与治理类构件、数据驱动类构件、语言推理类构件、多价值链协同类构件及价值网融合类构件；二阶段构件资源库包括智能匹配、智能交易、开放分享及精准服务类构件。

该库包含项目组研发的支持分布式科技资源定制化汇聚、标记、标准化、清洗、筛选、构件管理、资源库调用数据分析、治理数据分析、支持跨平台资源交互、调度、配件代理商库存分析、维修知识服务、科技资源预约服务、服务可信推送、融合科技资源优选服务、多维度科技资源综合搜索服务等一批两阶段求解的构件系统。

### 7.5.1　一阶段求解构件资源库界面

一阶段求解构件资源库界面如图 7-103 所示。

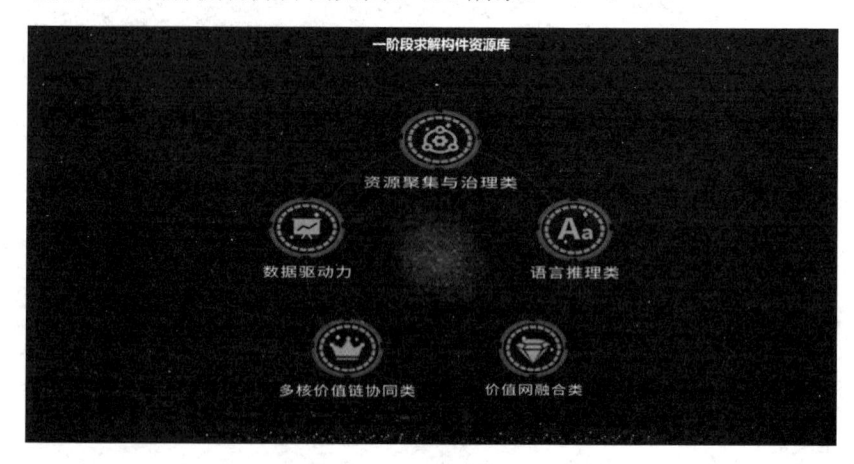

图 7-103　一阶段求解构件资源库界面

## 7.5.2　定制化汇聚

1. 定制化数据（见图 7-104）

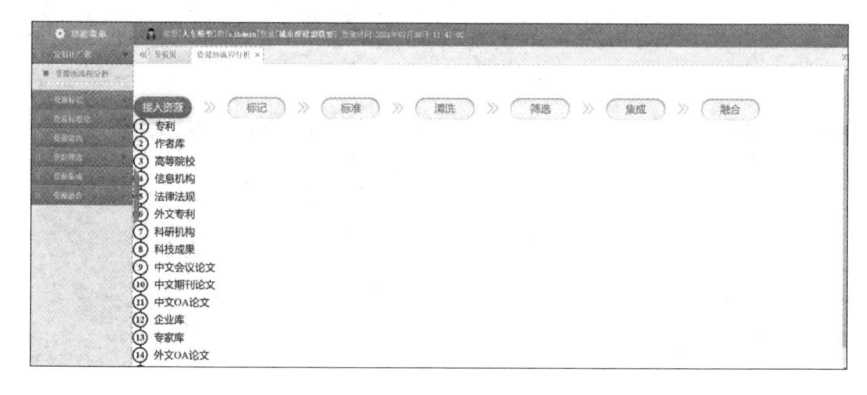

图 7-104　定制化数据

# 第 7 章　分布式科技资源巨系统构件开发

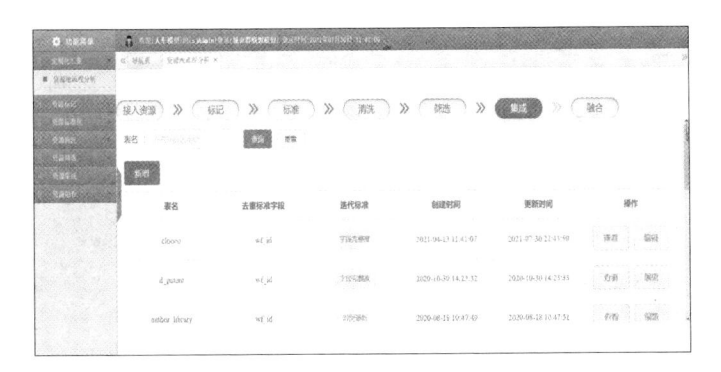

图 7-104　定制化数据（续）

2. 资源标记

1）标记数据资源类型分析（见图 7-105）

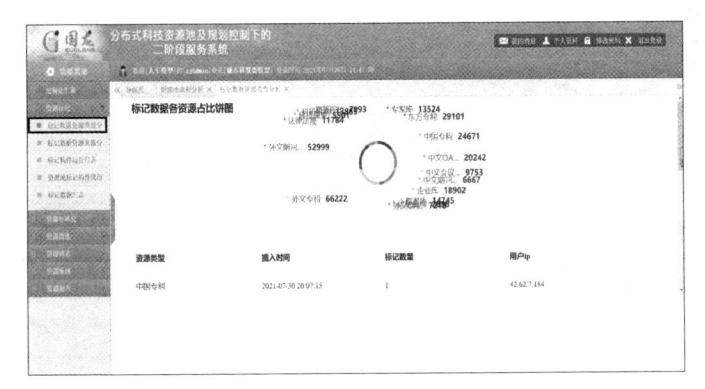

图 7-105　标记数据资源类型分析

2）标记构件运行日志（见图 7-106）

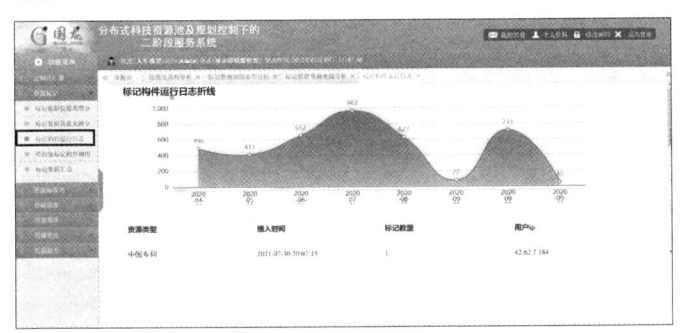

图 7-106　标记构件运行日志

3）标记数据汇总（见图7-107）

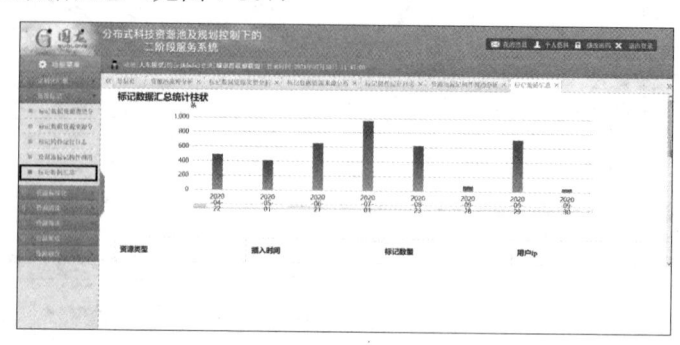

图7-107　标记数据汇总

3. 资源标准化

1）标准化数据资源来源（见图7-108）

图7-108　标准化数据资源来源

2）标准化构件运行日志（见图7-109）

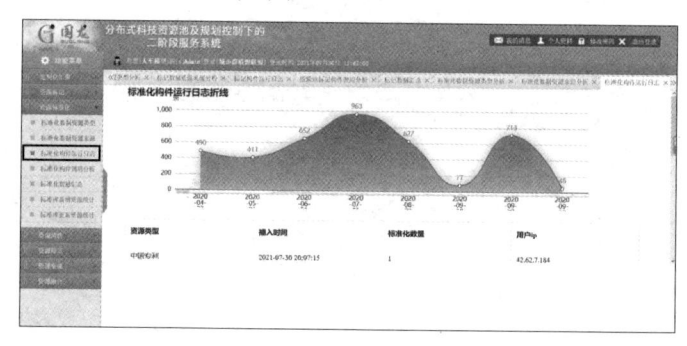

图7-109　标准化构件运行日志

# 第 7 章　分布式科技资源巨系统构件开发

3）标准库更新科技资源统计（见图 7-110）

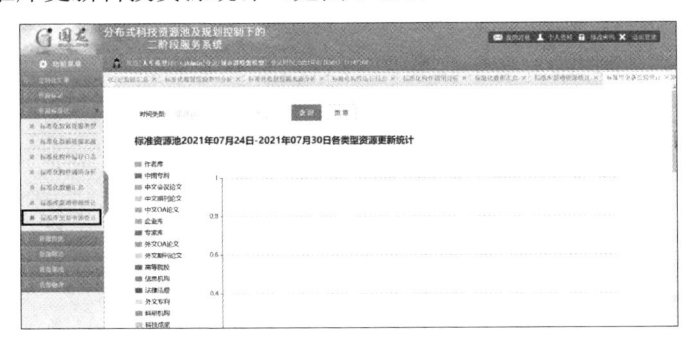

图 7-110　标准库更新科技资源统计

4. 科技资源清洗

1）清洗数据资源类型分析（见图 7-111）

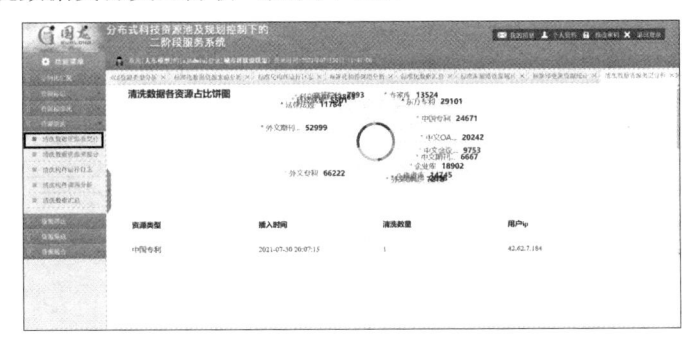

图 7-111　清洗数据资源类型分析

2）清洗构件调用分析（见图 7-112）

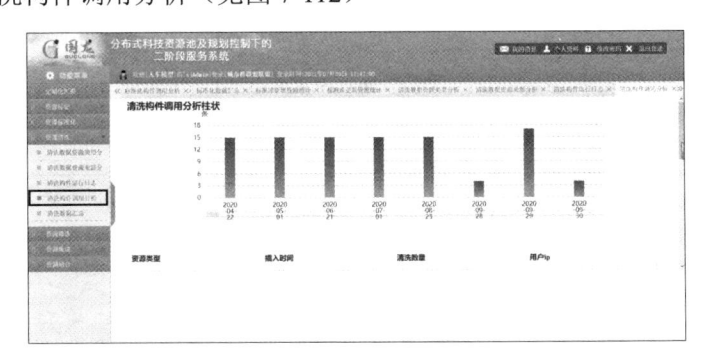

图 7-112　清洗构件调用分析

5. 科技资源集成（见图 7-113）

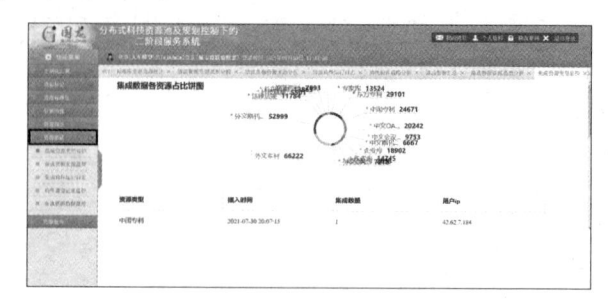

图 7-113　科技资源集成

6. 科技资源融合（见图 7-114）

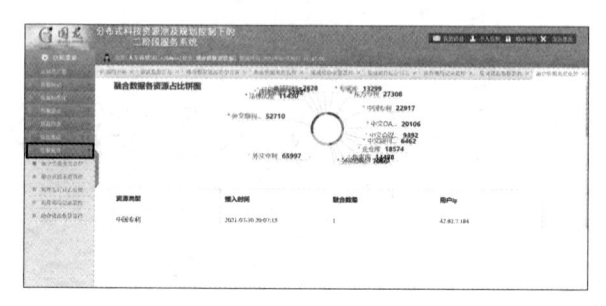

图 7-114　科技资源融合

## 7.5.3　数据驱动

1. 汇聚数据分析

1）万方资源汇聚（见图 7-115）

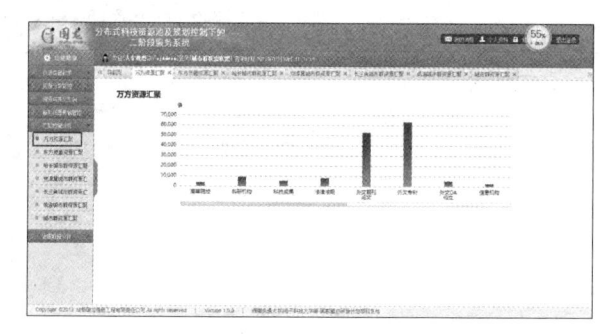

图 7-115　万方资源汇聚

## 第 7 章　分布式科技资源巨系统构件开发

2）东方灵盾资源汇聚（见图 7-116）

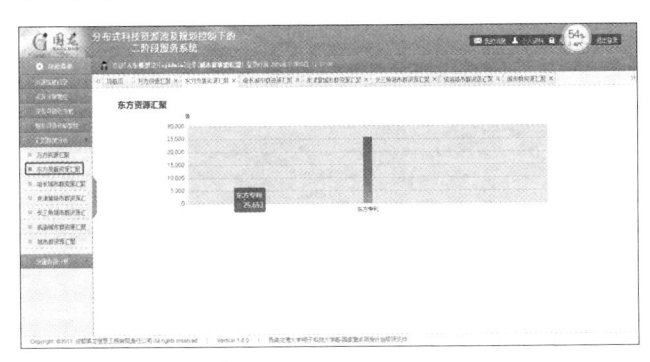

图 7-116　东方灵盾资源汇聚

3）哈长城市群科技资源汇聚（见图 7-117）

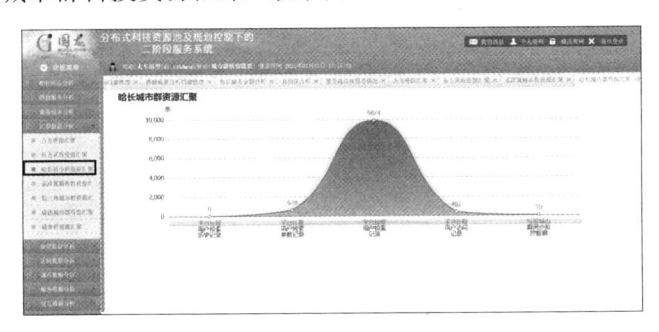

图 7-117　哈长城市群科技资源汇聚

4）京津冀城市群科技资源汇聚（见图 7-118）

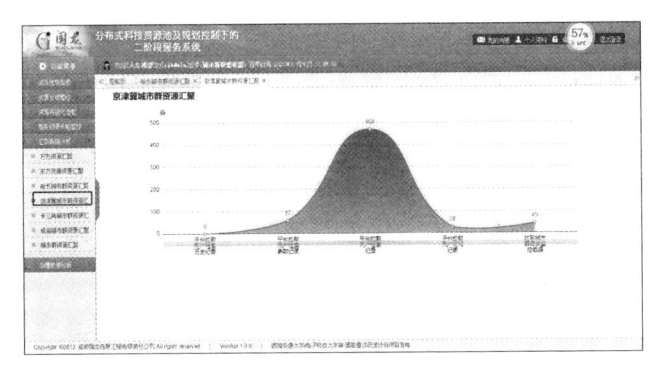

图 7-118　京津冀城市群科技资源汇聚

5）长三角城市群科技资源汇聚（见图7-119）

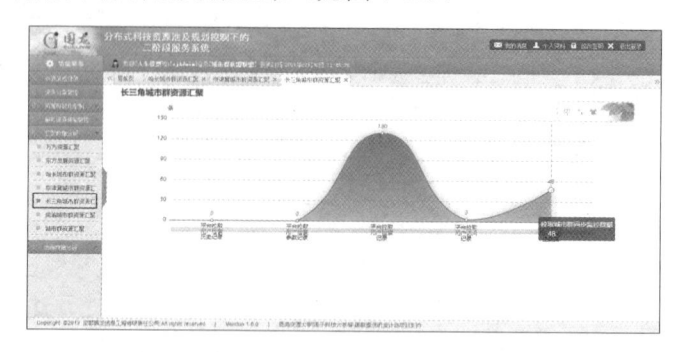

图7-119　长三角城市群科技资源汇聚

6）成渝城市群科技资源汇聚（见图7-120）

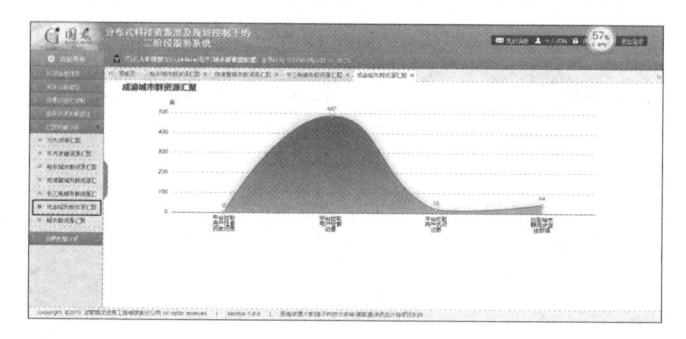

图7-120　成渝城市群科技资源汇聚

7）城市群科技资源汇聚（见图7-121）

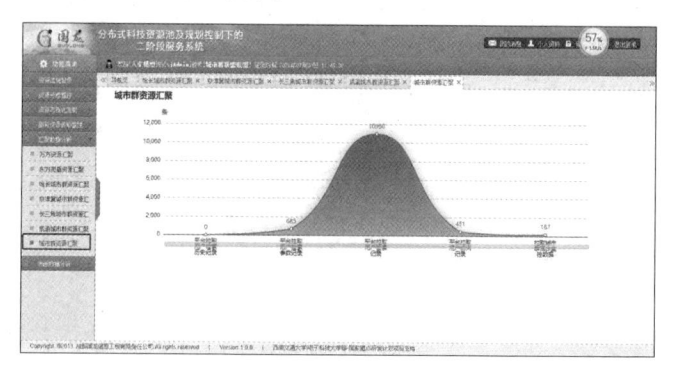

图7-121　城市群科技资源汇聚

# 第 7 章 分布式科技资源巨系统构件开发

2. 治理数据分析

1）科技资源库日分析（见图 7-122）

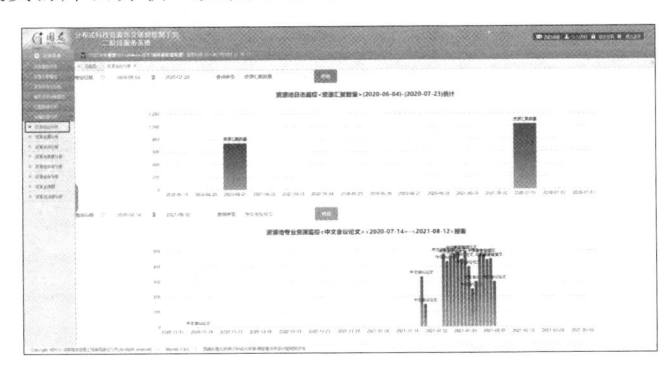

图 7-122　科技资源库日分析

2）科技资源库月分析（见图 7-123）

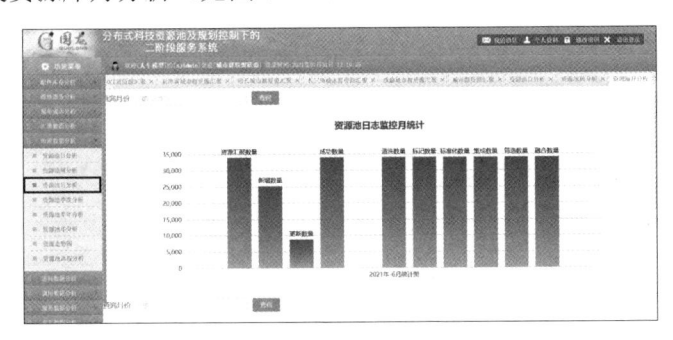

图 7-123　科技资源库月分析

3）科技资源走势图（见图 7-124）

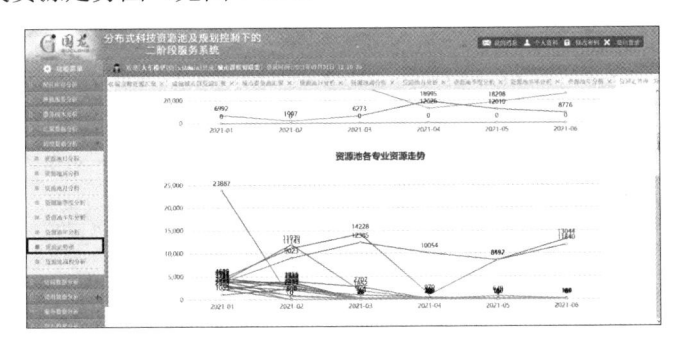

图 7-124　科技资源走势图

4）科技资源池流程分析（见图 7-125）

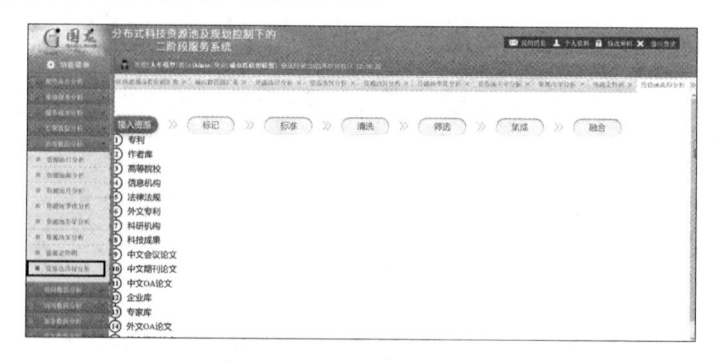

图 7-125　科技资源库流程分析

3. 访问数据分析（见图 7-126）

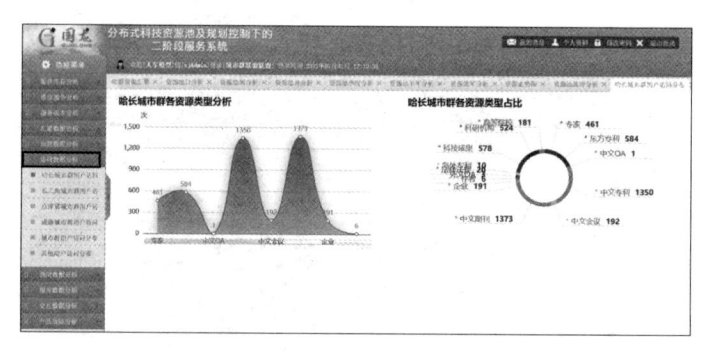

图 7-126　访问数据分析

4. 调用数据分析（见图 7-127）

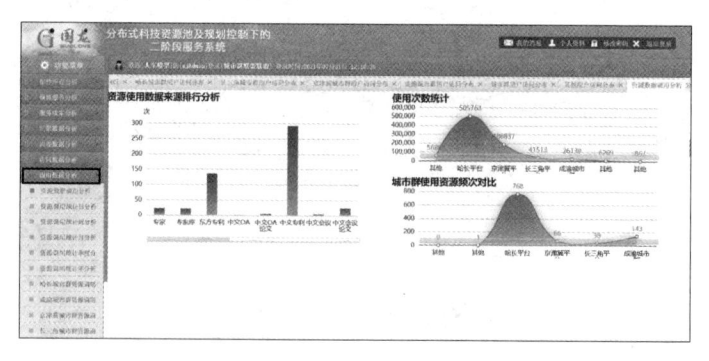

图 7-127　调用数据分析

## 第 7 章　分布式科技资源巨系统构件开发

5. 服务数据分析（见图 7-128）

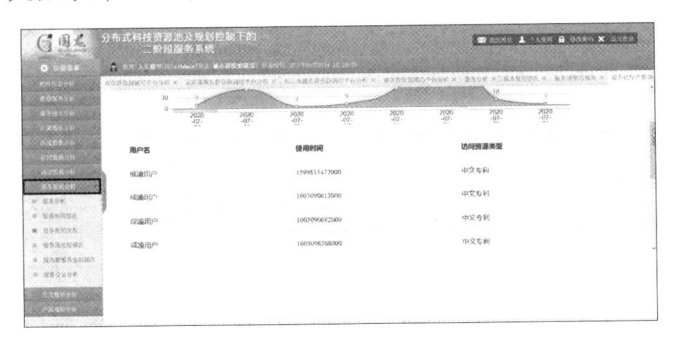

图 7-128　服务数据分析

6. 交互数据分析

1）京津冀城市群交互监控（见图 7-129）

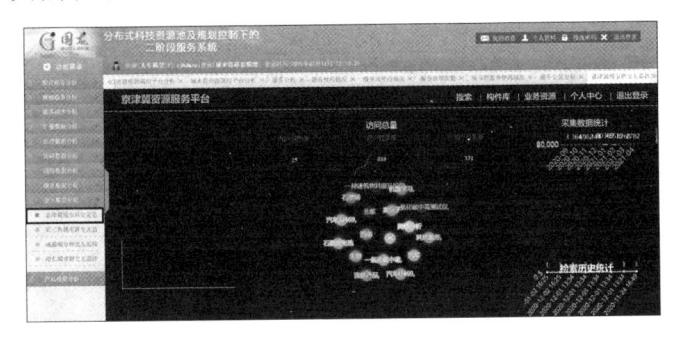

图 7-129　京津冀城市群交互监控

2）长三角城市群交互监控（见图 7-130）

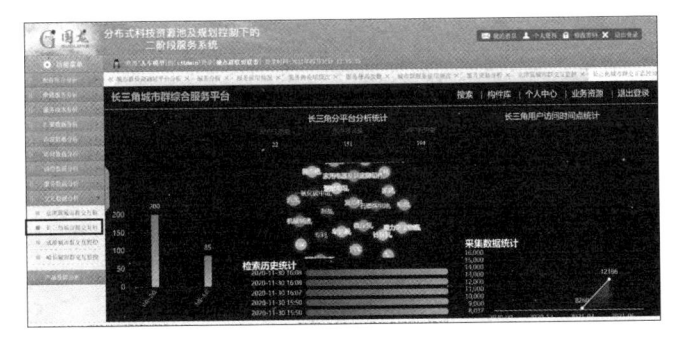

图 7-130　长三角城市群交互监控

3）多链上游供应商故障件数据分析报告（见图7-131）

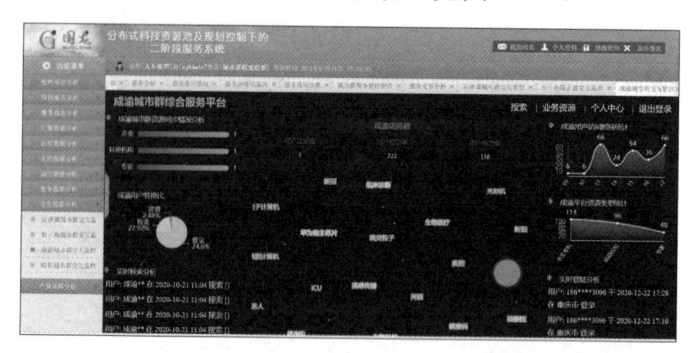

图 7-131　多链上游供应商故障件数据分析报告

4）哈长城市群交互监控（见图7-132）

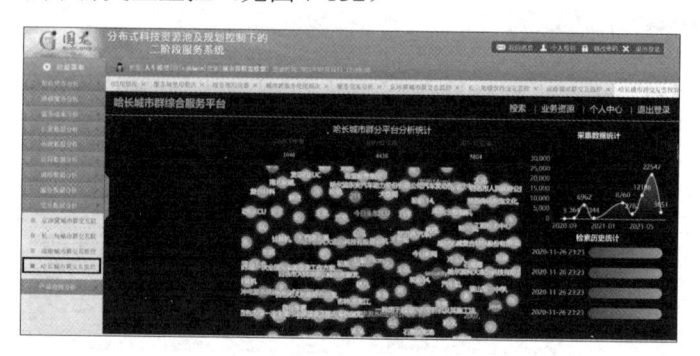

图 7-132　哈长城市群交互监控

7. 维修服务分析（见图7-133）

图 7-133　维修服务分析

## 第 7 章　分布式科技资源巨系统构件开发

8. 服务成本分析

1）维修能力分析（见图 7-134）

图 7-134　维修能力分析

2）零配件使用需求分析（见图 7-135）

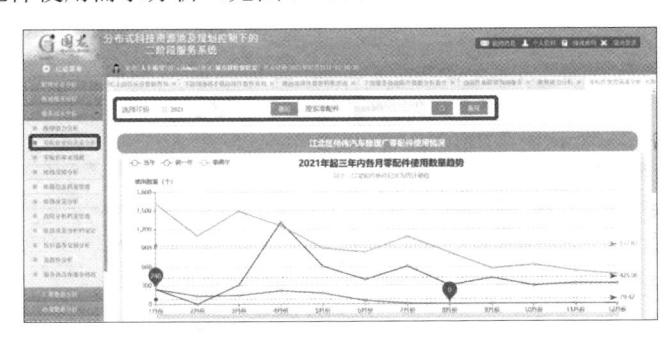

图 7-135　零配件使用需求分析

3）维修信息档案管理（见图 7-136）

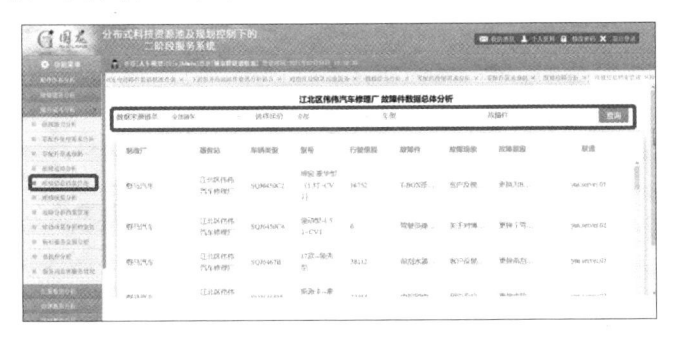

图 7-136　维修信息档案管理

4）服务商整体服务情况（见图 7-137）

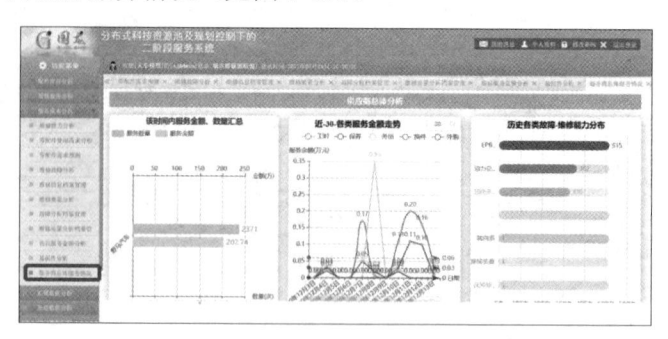

图 7-137　服务商整体服务情况

9. 故障分析

1）部件索赔全国分布（见图 7-138）

图 7-138　部件索赔全国分布

2）硬件故障分析（见图 7-139）

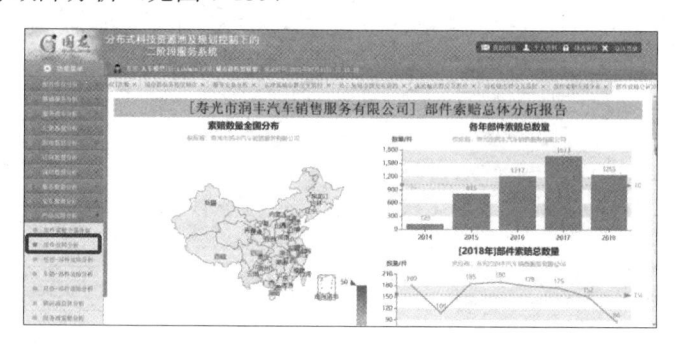

图 7-139　硬件故障分析

## 7.5.4 语言推理

1. 故障分析与原因推荐（见图7-140）

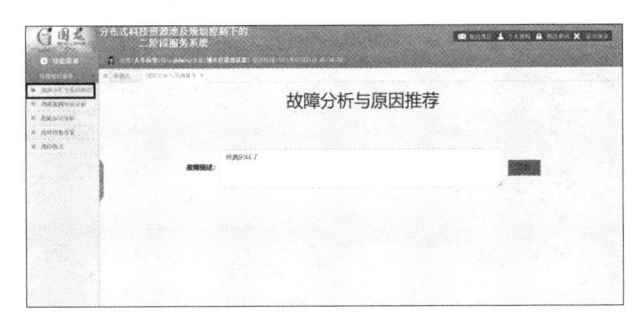

图7-140　故障分析与原因推荐

2. 故障案例知识分析（见图7-141）

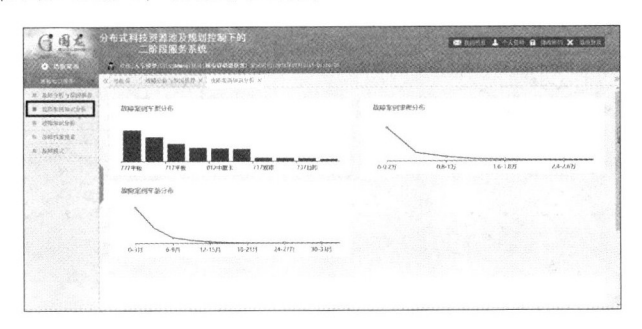

图7-141　故障案例知识分析

3. 故障档案搜索（见图7-142）

图7-142　故障档案搜索

# 反侵权盗版声明

电子工业出版社依法对本作品享有专有出版权。任何未经权利人书面许可，复制、销售或通过信息网络传播本作品的行为；歪曲、篡改、剽窃本作品的行为，均违反《中华人民共和国著作权法》，其行为人应承担相应的民事责任和行政责任，构成犯罪的，将被依法追究刑事责任。

为了维护市场秩序，保护权利人的合法权益，我社将依法查处和打击侵权盗版的单位和个人。欢迎社会各界人士积极举报侵权盗版行为，本社将奖励举报有功人员，并保证举报人的信息不被泄露。

举报电话：（010）88254396；（010）88258888

传　　真：（010）88254397

E-mail：　dbqq@phei.com.cn

通信地址：北京市万寿路 173 信箱
　　　　　电子工业出版社总编办公室

邮　　编：100036